五感情绪锻炼

十周改善你的心理健康

［英］莎拉·沃哈（Sarah Vohra） 著

朱蕾 译

The Mind Medic

Your 5 Senses Guide to
Leading a Calmer, Happier Life

中国科学技术出版社

·北京·

Copyright © Dr Sarah Vohra, 2020
First published as THE MIND MEDIC in 2020 by Penguin Life, an imprint of Penguin General. Penguin General is part of the Penguin Random House group of companies.
Designed by Hampton

北京市版权局著作权合同登记　图字：01-2022-2179。

图书在版编目（CIP）数据

五感情绪锻炼：十周改善你的心理健康 /（英）莎拉·沃哈（Sarah Vohra）著；朱蕾译 . — 北京：中国科学技术出版社，2023.1（2024.7 重印）

书名原文：The Mind Medic: Your 5 Senses Guide to Leading a Calmer, Happier Life

ISBN 978-7-5046-9861-2

Ⅰ. ①五… Ⅱ. ①莎… ②朱… Ⅲ. ①情绪—心理健康 Ⅳ. ① B842.6

中国版本图书馆 CIP 数据核字（2022）第 203410 号

策划编辑	何英娇	责任编辑	何英娇
封面设计	马筱琨	版式设计	蚂蚁设计
责任校对	邓雪梅	责任印制	李晓霖

出　　版	中国科学技术出版社
发　　行	中国科学技术出版社有限公司
地　　址	北京市海淀区中关村南大街 16 号
邮　　编	100081
发行电话	010-62173865
传　　真	010-62173081
网　　址	http://www.cspbooks.com.cn

开　　本	880mm×1230mm　1/32
字　　数	184 千字
印　　张	9.25
版　　次	2023 年 1 月第 1 版
印　　次	2024 年 7 月第 2 次印刷
印　　刷	北京盛通印刷股份有限公司
书　　号	ISBN 978-7-5046-9861-2/B · 114
定　　价	69.00 元

（凡购买本社图书，如有缺页、倒页、脱页者，本社销售中心负责调换）

序言

我们每天过的生活，对我们要求越来越高。今天人们时刻保持联络的方式，与10年、20年前迥然不同。我们每天忙得几乎一刻不停，晚上睡在床上还没感到充分放松，早上的闹钟就响了。虽然根本起不来，但是也得像仓鼠跳进仓鼠轮一样，重新开始一天的忙碌。

有没有觉得这是再熟悉不过的场景？

所有这些对时间和精力的需求都会影响人的心理健康。我们能得到的建议浩如烟海，让人不堪重负且又雾里看花，因为这些建议总是打着"健康""福祉""保健"的旗号。那么到底什么才会真正影响我们的心理健康呢？

我们惯常得到的建议就是"多聊天"。虽然这很重要，但对很多人来说，仅仅和别人分享他们内心的挣扎是不够的。诚然，聊天可以把心里的事说出来，听到有人理解或经历过类似的难处，对我们来说也是一种鼓励，但往往我们最缺少的是简单的工具或策略，借以走出低谷，让自己感觉更好。况且，即便有人告诉你某个策略对他有用，也不能保证一定会对你有用。

　　每个人的生理心理特征都不一样，生活经历影响每个人的方式和程度也不一样。为什么我们中的有些人天生注定能在舞台上闪耀，而其他人则如抢着钻出蜂箱的蜜蜂，能得到一个职场公开发言的机会就不错了？为什么有些人遭遇车祸后身体上和精神上几乎毫发无损，而另一些人则发誓再也不开车了？应对这些我们都有不同的工具，可以从人际关系和周遭环境中得到外部帮助和支持，也可以运用自己的内部应对机制和行动，给自己的生活导航，确保人生之路顺顺当当。

　　作为心理咨询师和精神科医生，我接诊过几千个患者，帮助他们克服各种各样的心理健康问题，包括与爱人分手、工作压力等；还遇到过更严重的临床精神疾病，比如抑郁和焦虑，有些人的病严重到只能留在家里，甚至有自杀倾向。对于后一种患者，可能一开始（至少在短期内）会使用药物来帮其控制症状，而治疗和康复的核心，是"让他们重回强健"，帮助患者更好地理解自身的困难，帮助他们学习和养成一些实用的办法来应对自身的心理问题。

　　临床患者问我的最常见的两个问题是：我该如何保持自己的"心理健康"？如果我遇到了过不去的坎儿，该如何应对？我告诉他们，与精神问题做斗争的一半战斗在于能够在早期识别自己状态不太对劲，而我们每个人对这些蛛丝马迹的感受是非常不同的；另一半战斗在于学习开发一个工具箱，里面有很多经过试验奏效的方法，这些方法因人而异，可以在需要的时候发挥作用。有一点从一开始就需要在我们心中根深蒂固，那就是良好的饮食和定期锻炼是确保一个人身体健康的可靠方法。我们还知道，当身体出状况时，饮食和运动量在康复中起着关键作用。但是，我们知道应该做些什么来让自己精神更健康吗？真遇到过不去的坎儿了，我们真的知道如何让自己走出困境吗？

　　本书中将要分享给读者的实用技巧和工具，是我工作中常用在患者身上的。我希望，这个简单的五步法也能为你提供一个量身定制的工具包，来应对当今社会给人情绪上带来的挫折。我想帮助你重拾精神健康，帮你成为最快乐最健康的那个自己。

　　祝你好运。

莎拉

前言

五大感官

五感情绪锻炼计划（简称"五感计划"）是一种简单的方法，可以帮助你精准发现生活压力，开发出简单的解决应对方案，以恢复内心的平静。

人通过感官来体验这个世界——视觉、听觉、嗅觉、触觉（感觉）和味觉。眼睛、耳朵、鼻子、皮肤和嘴这些感觉器官帮助一个人感知探索周遭环境并与之互动。五大感官通过神经系统与大脑相连，可以帮你确定对某一特定体验的看法以及对它（或好或坏）的感觉，更重要的是，帮你确定接下来如何继续行动。

也许有时候发生的事情让你的情绪变得很糟，而你却很难为自己把脉。我教患者做的是，想想自己看到、听到、闻到、感觉到或尝到了什么（不一定是同时），这些或许可以提供相关解释。

情况可能是，你在社交媒体上看到了一些负面的东西

（视觉），或者一下午老板都在批评这、批评那（听觉）。也许你忘了做每天的呼吸锻炼（嗅觉），或者一觉醒来感觉不好（感觉）。也许现在上午还没过半，你就要喝第二杯双重浓缩咖啡（味觉），来应对一个特别繁忙的工作任务。我鼓励我的患者做这个简单的练习，这能帮助他们拼出一天的拼图，识别到那些可能造成他们压力的东西。

在这本书里，我将邀请你充分调动五大感官，并以这种方式来思考你的生活经历。

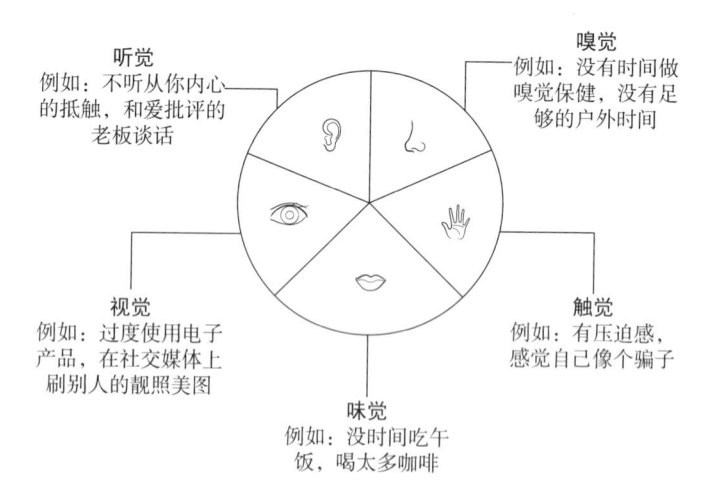

听觉
例如：不听从你内心的抵触，和爱批评的老板谈话

嗅觉
例如：没有时间做嗅觉保健，没有足够的户外时间

视觉
例如：过度使用电子产品，在社交媒体上刷别人的靓照美图

味觉
例如：没时间吃午饭，喝太多咖啡

触觉
例如：有压迫感，感觉自己像个骗子

"问问自己"和"五感挑战"贯穿全书。

问问自己给你提供了一个空间，让你反思自己的经历，帮你确定被描述的这种感觉目前来说对你是否造成了困扰。如果确实有困扰，它会鼓励你思考你想做哪些改变，以及遇

到了什么阻碍。

五感挑战为你提供实际的解决方案来克服这些障碍。

情绪健康温度计

情绪健康温度计是我临床经常使用的一种工具。你可能会发现，自己在一天中会经历各种不同的情绪。就像人的体温在 24 小时内会发生变化一样，情绪健康也会经历类似的上升和下降。

情绪健康温度计的图标将在全书中经常出现。我想让你只要看到这个温度计，就画一个水平箭头，标出最适合你当时的感觉的颜色。

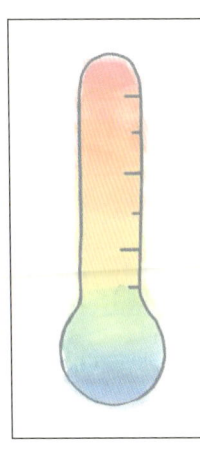

红色：大多是负面情绪，觉得一些生活经历难以忍受并拒绝它们，例如不参加社交活动或不去上班。

橙色：消极的情绪，致使你想放弃一些生活经历，例如偶尔取消社交活动或装病请假。

黄色：可能会让你感到不舒服的情绪，但不会过多干扰生活经历。

绿色：一般来说是积极的情绪，就算有点消极情绪也很容易处理，而且不会影响生活经历。

当你预知到天气会很热时，你会提前做计划，包括带一些防晒霜或准备一副太阳镜。调节情绪温度的关键是，带上让你感到舒适的必要工具，这样任何温度变化都会更容易接受。

虽然你可能无法避免红色和橙色，例如工作中的压力是不可避免的，但你可以调整自己的状态去适应它们，减少它们给你带来的压力感，为自己的情绪降温。

通过使用情绪健康温度计来记录你的情绪温度，你可以识别哪些感官感受到了最大的压力，也就知道了解决问题的关键所在。

你可以先忽略情绪健康温度是蓝色的领域，直接跳到上面关注那些你经常标注为红色和橙色的领域。这么做绝对没问题。书中的某些章节甚至某些感官可能此刻对你来说不造成困扰。你可能过去曾经有某方面的困扰但是现在没有了，也可能你将来会有相关体会。如果是这样的话，你可以根据自己实际需求进入相关的感官章节，并灵活调整自己的情绪锻炼计划。

这本书里的建议既不是处方也不是硬性规定，无须一字不差地执行，只是想确保你为自己量身制订一个计划，直击自己面临的问题。

最后一章是第六章，本章将指导你如何为自己量身定做一个为期十周的五感计划,帮助你重拾心理健康,成为最快乐最健康的自己。

五感概览

视觉	听觉	嗅觉	触觉	味觉
电子设备	倾听自己	吸气:正念与冥想	烦恼时段	享受美食
社交媒体	直接说"不"	户外的美好气息	完美的不完美	规律饮食
身体形象	认可重要吗	嗅出胡说八道	感受发自内心的自信	丢开规则
改变看法	听见赞美	成功的美妙气味	压力时给自己减负	药物和保健品的误区
选择见谁	直面批评	熏香、睡眠与保健	对"冒充者综合征"说不	愤怒真香

目录

第一章 视觉

电子设备　·003
社交媒体　·013
身体形象　·023
改变看法　·036
选择见谁　·045

第二章 听觉

倾听自己　·057
直接说"不"　·074
别人的认可重要吗？　·083
听见赞美　·091
直面批评　·100

第三章 嗅觉

吸气：正念与冥想　·109

户外的美好气息　·113

嗅出胡说八道　·121

成功的美妙气味　·127

熏香、睡眠与保健　·138

第四章 触觉

烦恼时段　·153

完美的不完美　·161

感受发自内心的自信　·173

感到有压力时给自己减负　·181

对"冒充者综合征"说不　·188

第五章 味觉

享受美食　·195

规律饮食　·205

丢开不合理的饮食规则　·208

药物和保健品的误区　·234

愤怒真好　·248

第六章
**五感计划：
五感合一**

设立目标　·261
着手去做　·266

结语
接受五感的指引　·273

致谢　·275

五感情绪锻炼

十周改善你的心理健康

第一章
视觉
CHAPTER1

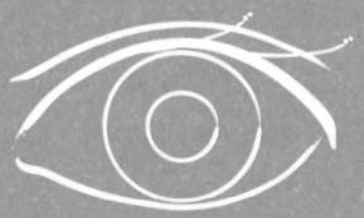

电子设备

当今社会节奏快、压力大，电子产品无疑是不可或缺的。但总有迹象让我断定，一些患者所表现的症状，实则归因于对电子产品的使用或者可以说过度使用。有人睡前长时间看手机电脑，有人则本末倒置，重视线上的"友情关系"，忽视现实生活中（in Real Life，iRL）与人面对面的交往。这些人可能混淆了工作与休息之间的界限，才会在深夜处理电子邮件，要么就是在社交平台无止境的攀比中无法自拔。这些行为都会给一个人的情绪、自信、焦虑值和睡眠带来负面影响。

虽然不能武断地说使用电子产品一定会影响心理健康，但现有的相关研究普遍认为，使用电子产品时间越长危害越大。确切地说，现有文献主要聚焦普遍意义上的电子产品使用，并不区分具体某种类型的电子产品；偶有涉及后者的研究，也似乎仅限于讨论看电视、用手机收发信息和操作电脑。即便如此也很难说，难辞其咎的到底是使用电子产品本身，还是其目的。

一些研究表明，如果每天使用电子产品7小时以上，患抑郁症的风险就会增加；有些学者甚至认为，尤其对于儿童和青少年而言，使用电子产品是引起焦虑的一个风险因素，再加上不爱锻炼，情况就更糟；还有研究发现使用电子产品会影响一个人的注意力；另有研究认为，如果人们每天使用电脑或手机超过 4 小时，会导致持续的压力和抑郁，女性尤甚。

我们知道，夜间如果使用智能手机、笔记本电脑或平板电脑，其液晶屏二极管（Light Emitting Diode，LED）发出的蓝光会影响人的自然睡眠节奏，降低睡眠质量，甚至影响人的情绪、专注力和精力。一些研究明确指出，过多使用电子产品与睡眠不好有关联。蓝光会阻碍 25% 褪黑素（一种激素）的释放，导致睡眠开始途径得不到很好的触发。

一刀切地禁止电子产品使用，抑或推荐最佳"剂量"的使用时间，显然都不现实，正确的做法是合理控制自己对电子产品的使用，尤其当你已经意识到它影响到了自己的心理健康时。

定规矩

人们似乎随时随地都在使用电子设备，比如网购食品（如咖啡）、安排每天日程、听课或开会时记笔记、网上搜食谱、睡前读书放松，不一而足。技术进步诚然提高了生活效率，这有利于人们的心理健康，然而，也必须思考如何不让自己过度依赖电子技术及其设备，否则人们会逐渐与"真实"世界脱钩，心理健康失衡。也要思考，如何**对电子产品用之有度，使自己情绪不受困，睡眠无干扰，生活不焦躁。**

有一点可以肯定，电子屏幕一时半会儿不会远离人们的生活，这就要求我们培养良好的生活习惯，与之和睦相处。用之有度的一个有效方法就是给自己定规矩，限制自己眼睛盯着电子屏幕的时间。现在人们用电子设备就可以追踪和限制自己的使用时间。如果你已经这么做了，试问每当达到上限时你实际上会怎么做？我个人的经验是，纵容自己的诱惑太大，无视规矩也太容易了。你可能会破例，对自己说"下不为例"，我现在有东西"必须发布"，有邮件"必须处理"，实际上在不经意之间，你每天都在违反给自己定的规矩，最后索性就当自己什么规矩也没定过。

那么，到底是什么让你放不下手里的电子设备呢？你用手机做的所有事情都是"绝对必须去做"的吗？

五感挑战

记日志

　　为了更好地了解自己的电子设备使用习惯,我将其分为三种类型:可有可无、没得商量和个人喜好。

　　"可有可无"是指你完全出于习惯地拿起手机、打开笔记本或平板电脑。你鬼使神差解锁设备然后随手就刷起来了,反正你就又开始了,而且往往一发不可收拾,一晃几十分钟或几小时就浪费在无所事事上了。

　　"没得商量"是指你使用电子设备时,有明确的目的和具体的时间,抑或是为了与他人保持必要良性互动。你有邮件要发,需要处理工作电话或信息,需要与朋友家人联络;你要使用网银办理银行业务、报税、搜食谱、网购等。

　　"个人喜好"是指你喜欢去做而非绝对必须去做的事情,比如追剧、刷短视频、刷微博、刷朋友圈等。做这些事情没有固定时间,也不像那些"没得商量"的事情一样必须在具体时间范围内完成。虽然你可以说这些个人喜好的重要性不亚于那些"没得商量"的事情,因为它们给你机会放松自己,但要提防它们危及你的心理健康。例如,熬夜追剧可能会影响睡眠质量,让你整天情绪不佳,萎靡不振,注意力涣散。随意浏览社交媒体的图片视频时,也可能会引发个人头像或身体图片泄露而涉及的安全问题。

你可以使用下一页的屏幕使用日志,来记录自己每次对电子设备屏幕的使用,包括电视、电脑、手机、笔记本、平板电脑、电子阅读器,等等。在一周内对比每天的使用情况,也不失为一个好办法,因为工作日和非工作日的屏幕使用会有所不同。

在记录自己某个屏幕使用行为之前,想想你是带着什么样的情绪来使用电子设备的,可以把情绪也记录下来。

下表的屏幕使用日志,记录了你上午在一个重要的工作项目上拖拖拉拉(红色),午后出于压力(橙色)回复了一个没得商量的工作邮件,晚上凭个人喜好刷短视频感觉很放松(蓝色)。你可以用彩色铅笔在表格相应的时间段记录自己的电子产品使用行为和情绪。

屏幕使用日志

	上午	下午	晚上	小计	备注
可有可无	||||	|||	||||		
没得商量	|||	|||||	|||		
个人喜好	||		||||		

每日屏幕使用日志

周一	上午	下午	晚上	小计	备注
可有可无					
没得商量					
个人喜好					

周二	上午	下午	晚上	小计	备注
可有可无					
没得商量					
个人喜好					

周三	上午	下午	晚上	小计	备注
可有可无					
没得商量					
个人喜好					

周四	上午	下午	晚上	小计	备注
可有可无					
没得商量					
个人喜好					

周五	上午	下午	晚上	小计	备注
可有可无					
没得商量					
个人喜好					

周六	上午	下午	晚上	小计	备注
可有可无					
没得商量					
个人喜好					

周日	上午	下午	晚上	小计	备注
可有可无					
没得商量					
个人喜好					

每天一早，把今天没得商量必须做的事情写下来。问问自己，是今天必须完成，还是可以平摊在本周之内完成。

想想今天有什么出于个人喜好想做的事，可以优先安排没得商量的任务，再穿插安排个人喜好。

然后每天留出半小时至 1 小时的"放风时间"，安排可有可无的网上闲逛。

在这一整天当中，每当你不由自主想用电子屏幕做些可有可无的事情时，提醒自己，还没到预定好的"放风时间"。要抵制诱惑，回到自己该做的事情上去，因为你知道后面有专门的"放风时间"。

问问自己

每天在什么时间使用电子设备屏幕？上午、下午还是晚上？

如果红、橙、蓝代表你的情绪温度计，总体上你的情绪怎么样？屏幕使用日志上哪种颜色最常见？

你使用电子设备屏幕的时间，多数都用来做可有可无、没得商量还是个人喜好的事情？

在情绪温度计上，这三种类型中的某一种对你情绪的影响是否显著多于另两种？

一日之计在于晨

对于很多人来说，早晨一睁眼关掉手机闹铃，就有社交需要，不想跟世界脱节。然而，不用传统闹钟而用手机闹铃的弊端在于，人一不小心就会沉迷于手机的其他功能了。关掉闹钟后，接下来自然是忍不住看看这一夜有什么新消息，有人给我发信息吗？有人给我打电话吗？再看看邮件。接下来你会挨个打开社交软件，看看朋友、家人或"名流大V"的最新情况，然后你才磨磨蹭蹭起身下床。

每天早晨例行如此，你感觉如何？

这样一来，一大早你的感受、你该做什么，就全都取决于你刚刚在手机上看到了什么。要么是你还没来得及冲澡就得想着处理那封令人抓狂的工作邮件，要么是你发现，这边你罪恶地睡到闹钟响了多次，手机那边的人都发来健身完的自拍了。一日之计在于晨，是时候让改变从早晨开始了。

◆ 五感挑战 ◆

重新掌控早晨

不要在卧室给手机充电。如果必须把手机放在卧室,把它放在手臂够不到的地方,这样你必须从床上下来才能拿到手机。

买一个传统的闹钟。避免依赖手机作为叫醒装置。摆脱把手机作为日常活动中用来"搞定一切,不错过一切"的习惯,尤其是当你完全可以选择别的合理方式时。

不要在醒来的第一个小时内看手机。将手机设为飞行模式,使你能够按部就班完成早上该做的事,而不是让自己早上的节奏频频被收到的通知打乱。

备注:_____
_____
_____
_____
_____
_____

社交媒体

社交媒体的进步意味着人与人之间的联系比以往任何时候都更加紧密，社交平台使我们可以表达自己，并与他人建立和保持有意义的联系。虽然我不否认这些好处，但是如果一个人需要不断处于开机状态，随时在线并听命于他人，而且大量的图片和文字就在我们的指尖，人们就极容易感到不堪重负，深受社交媒体弊端之害。英国皇家公共卫生学会（Royal Society for Public Health）已经有研究表明，社交媒体会影响我们的睡眠，加剧焦虑和抑郁，灌输对身体形象的担忧，并加剧人们对错过机会的恐惧。当然，这也是我的诊所里反映出来的情况。

虽然我们还不能建立确定的因果关系，即社交媒体会导致心理不健康，但关于这把双刃剑的一些研究已经提示我们，它有剂量依赖效应（dose-dependent），也就是说，在社交媒体上花费的时间越长，它的危害就越大。

《经济学人》（The Economist）2018 年的一篇文章借助基于 Moment（一款活动追踪应用程序）的数据，阐明了大量使用社交媒体与精神疾病之间的联系。每周 Moment 都会调查 100 万名用户，评估他们对社交网站（Social Networking

Site，SNS）的使用情况以及使用时的快乐程度，这些社交网站包括脸书（Facebook，现已更名为元宇宙）、照片墙（Instagram）和推特（Twitter）等。研究发现，63%的照片墙用户反映自己通常每天使用该软件 1 小时，感觉很不开心，这个比例比其他社交网站都高；而另外 37% 感觉比较开心的用户每天使用该软件半小时。这无疑说明，花在社交媒体上的时间长短很重要。

相关文献还注意到，社交媒体内容的本质是经过高度策划和筛选的，这意味着人们会进行更多向上的社会比较，把自己与那些"拥有一切"或在某些方面优于自己的人进行比较；展示"最好的自我"也通常是大多数社交网站的基本原则。正是这些向上的比较，对我们的心理健康十分有害。

烟雾和镜像效应

频繁使用社交网站，实则助长了攀比之风。现如今人们可以随时随地把自己跟任何人做比较，既跟远在天边的名流比，也跟朋友和同龄人比。攀比从起床的那一刻开始，一直进行到睡觉的那一刻；从精美摆放的早餐到晚上例行的健身运动，一切都可以拿来被人品评。

我们内心其实知道，社交媒体只会不停推送人们的高光时刻。有多少人在"休息日"分享自己的照片？你看不到为 1 张靓照牺牲或做贡献的 99 张照片，也不会看到某人为了这个高光时刻所牺牲的时间（比如和爱人在一起的时间，或本来可以花在吃饭上的时间），更看不到精心安排的打光加上无瑕的妆容才成就了那个"完美的镜头"。

在最近跟丈夫和女儿度假时，我面对面真实体验了一次社交媒体的"烟雾和镜像效应"。在吃自助早餐时我不禁注意到左边的一对夫妇，两人都有健身杂志封面级的好身材，面前的桌上摆着各种早餐——咖啡、绿色蔬果汁、一盘水果、炒鸡蛋、叠放的煎饼和华夫饼等。他们拍了一些照片，在照片墙上发布了一些对这顿豪华早餐的描述，却只喝了一大口咖啡就匆匆离开了，留下一桌子几乎没碰过的食物。

你可能会问自己，这有什么害处吗？往好的方面想，关注他们的网友可能被这些内容启发并激励——"他们吃得这么丰盛，身材却这么好（此处的形容词代表某种理想的身体审美，比如'健美'）！"但另一方面，这也会导致一部分人自我审视后感觉自己不够好——"要是我度假时能这么有自制力就好了"或"为什么我不能吃这么多同时拥有那样的身材？"

事实的真相是，没有真相。如果你经常有压力，想把自己跟别人做比较，说明你是把自己的价值建立在一个很可能从未谋面的人身上,并且他们让你只见树木,不见森林。

那么解决办法是什么呢?如何避免被卷入社交媒体这种比来比去的旋涡中呢?

◆ 五感挑战 ◆
管理好社交媒体订阅源

虽然有时你可能会觉得永远打不过不断变化的算法,但一定要记住,能控制自己的社交媒体订阅源的人,就是你自己。你一大早就看到的丰盛早餐,别人完美雕刻般的腹肌,某个似乎"拥有一切"的俊男靓女——是你自己选择关注这些的。是你有意识地"关注他们",蒙蔽你双眼的,也许是粉丝量、地位、他们的圈子或者那个诱人的红色点赞。你让自己笃信,关注他们会启发或激励自己。你让自己笃信,你需要做出改变,这样才能"更像他们,才能得到快乐、成功甚至爱"。但他们的日常帖子只是在提醒你,你"差得还远",这就让你脆弱的自尊心每况愈下。

这一切没完没了。

当然,除非你勇敢地"取消关注"。

听起来很简单,对吧?但你左思右想,最终的结论是,无论关注这些内容可能对你的心理健康产生什么影响，你还是想继续关注。

问问你自己，这些内容现在和我相关吗？

这些内容让我感觉良好或积极向上吗？

如果这两问的答案都是否定的，勇敢地取消关注吧。

对许多人来说，"取消关注"是一种无声的罪过。要不惜一切代价不去关注它，以免再次与取消关注的内容不期而遇，或者日后还会尴尬地重新关注。如果取消关注显得太冒进，你可以稍做妥协，把这个账户设置成不再提醒。这样一来，虽然你还在"关注"相关内容，它们将不再时不时蹦出来，这样你将来某一天可以选择解除限制。

如何使用社交媒体？

刚才讨论了你所关注的社交账户，但同样重要的是也要关注你自己能"影响别人"的方面。你确实是一个有影响力的人，这种"影响力"不是说有成千上万的粉丝，你发布到公共领域的任何内容都在以某种形式影响他人。想想，你为什么要把家人照片或度假掠影上传到脸书或照片墙，把自拍分享到色拉布（Snapchat，一个照片分享平台），或者被推特上的辩论激怒？

或许你上传了一张阳光明媚的度假照片到几个社交账户，虽然你也很清楚家里那边正是阴雨连绵。这样做会得到什么反应通常是可以预测的，来自家人和朋友的每一个点赞和羡慕的评论都强调了"你有多幸运"。

或许你开始了一个健身计划，外形有了显著转变。你大胆地上传了一张自拍照，这时别人就会问你是如何做到的，你就带动了家人和朋友也开始通过健身来改变自己。每一个赞、每一条积极的评论，都是对你华丽转身的认可，并且令你自尊心爆棚。

社交媒体的发展扩大了我们的影响力。你现在甚至有能力影响那些从未谋面的人。现在的你，可能已不再那么依赖家庭成员、朋友或同事的认可，而是渴望纯粹的陌生人通过关注、点赞和正面评论带给你虚无缥缈的认可。

这有问题吗？如果总是期望别人认可你的行为，你会在不知不觉中让他们来决定你的自我认识、能力和选择，这些都构成了一个人的自尊。当一个人寻求来自外部的认可时，对自己的选择感到自信与否就会依赖于别人对成功的衡量标准。一段你引以为傲的文字，或者一件你特别喜欢穿的衣服，为什么会突然让你倍感自我怀疑，就因为别人说它"不好"吗？

问问自己

为了帮你弄清楚自己使用社交媒体是否有问题,请你问自己以下问题:

你的社交媒体账户的通知功能永远都处于打开状态吗?

每次你收到通知,说你有新的关注者、新点赞或新评论时,你是否会打开账户去看?

你是否总是花几十分钟甚至几小时来盘算在社交媒体上发布什么,而牺牲了一天中从事其他活动的时间?

你是否发现自己在发布了一些东西后,会虔诚如信徒般检查和刷新页面去看有多少人与你互动?

如果你的帖子的受关注度没有达到你的预期,你的情绪会受到影响吗?

对于你诚心诚意表达的东西,你是否曾因它的受关注度很低而删除过它?

你知道有多少人在社交媒体上关注你吗？每个人你都认识吗？

你会追踪别人什么时候对你取消关注吗？你是否积极与那个人讨论，问他为什么不想关注你了？

你爱把自己和网上的人做比较吗？

如果你对上述问题的答复有五个或以上是肯定的，这说明你在社交媒体使用方面可能出问题了，你有必要考虑调整一下自己，因为它对你的心理健康产生了负面影响。

◆ 五感挑战 ◆

调整好你对社交媒体的使用方式

以下是我能给你的最佳建议，能帮你降低情绪健康温度，改善你与社交媒体的关系。

关闭所有社交媒体渠道上所有的推送通知。每一个通知你有新的点赞、评论或关注者的嗡嗡声、哗哗声或屏幕弹出的一条消息,都意味着你永远无法真正逃脱它的控制,永远无法独处,而且永远都需要来自外部的认可。它们会反复提醒你,把你拉回去查看评论或新关注者是谁,让你更加无法坚守给自己设定的边界。

做一个真性情的人。发布你想发布的东西,而不是你觉得应该发布的东西。

问自己为什么。为什么我要在这个时候发这个东西呢?为什么不能等到以后再发呢?不发不行吗?如果没有明确的目的,那就不要发。

停止刷新。当你发帖子时,与自己签个合同,答应自己不去监控这个帖子的受关注度。如果你已经确定发这个帖子完全是为了自己,那就要对自己毫无歉意,而不要根据帖子的受关注度来寻求别人的认可。我的一些患者会在上传帖子或照片后不断刷新页面,当帖子没有得到足够的点赞或在收到负面评论时,他们会主动删除这个帖子。

当然,你可能是一个人来疯,给点阳光就灿烂,你也积极鼓励大家辩论,即使别人说的话你不爱听。在这种情况下,反复刷新可能不会对你的心理健康带来负面影响,对你来说刷新就是为了让自己不掉队,尤其是像推特那种快节奏的社交平台。

停止追踪关注你的人。如果谁把你取消关注了,这并不是你个人的过错。总有这样那样的原因，会让某人觉得你的内容现在对他们没用，这也没关系。这个人也许会回来，也许不会，随他去吧，这就像你对你所关注的账户进行一个断舍离，没必要为此感到沮丧。

身体形象

在英国，超过三分之一的成年人对自己的身体形象感到焦虑或沮丧。从个人经验来讲，我很了解一个人对自己外形感觉不好的害处。十几岁时，我就不喜欢自己的样子，我有严重的痤疮，别人还觉得我"体重超标"。我自怨自艾，把自己拿来与身边朋友、路人或杂志画报上的"完美身材"做比较。几乎可以肯定的是，这影响了我在那个年龄原本应该很简单的一些决定——吃什么、穿什么以及出不出门。我觉得我应该少吃点，穿得肥肥大大遮住自己，并且远离社交活动。有了孩子以后，我才意识到曾经我对自己身材的想法和感觉（也就是身体形象）确实相当有害。青春期的我，衡量自己成功与否不是看实现了什么生活目标，而是自己在为这些目标努力的过程中是否符合社会的审美标准。高中的毕业舞会、大学的彻夜狂欢、毕业典礼、外出度假、婚礼前的派对——这些时不再来的场合，我都因为外貌焦虑而没能尽情享受。但这种感觉完全是由别人预先决定的，而不是由我自己来掌控的。我不希望女儿的成长重蹈我的覆辙，不希望她的人生价值由外表来决定，这应该由她的能力来决定。过去五年来我格外在意用合适的语言谈论自己的外貌，不会在丈夫或女儿面前说自己的外形不好。每天早上照镜子的时候，虽然外表也有令我不满意的地方，但我已能坦然接受。我接受自己外貌的缺点，因为我知道恰恰是这些特征让我与众不同。我经常鼓励自己多想想，我的身体能做什么，为我做过些什么。

2019年，"英国女性健康"项目的一个活动"身体和爱"对2500名女性进行了调查，其中只有6%的女性觉得"我爱自己的身体"。如果情况属实，很多人对自己身体形象的不满意可能会影响其自信以及与他人的互动。这些人不愿参加社交聚会，即使去了也会感到非常不舒服，总是不停审视自己。外形焦虑会使人情绪低落，思虑过多，养成不健康的饮食习惯。尤其令人担忧的是，八分之一的英国成年人甚至因为不喜欢自己的样子而有过自杀的想法。

相反，如果一个人满意自己的身体形象，综合幸福指数就更高，不良饮食习惯也更少。一个人的身体形象会受到很多因素的影响，例如同性友谊、异性关系、周围人对你身体的看法以及来自大众传媒或社交媒体宣传的"理想型"的压力。根据一项英国精神健康基金会（Mental Health Foundation）和舆观（YouGov）的调查显示，20%的人觉得社交媒体上的图片是导致他们对自己身体不满的一个因素。联合利华2017年发布的《多芬全球美容与信心报告》显示，

60%的女性认为社交媒体迫使她们追求某些外形特征，70%的女性认为媒体和广告设定的关于美的标准是不切实际的。

理想型

社会上对"理想型"身材的期待一直在变化，例如从"海洛因时尚[①]"到近年来的"骨感而强壮[②]"。通常，理想的身材由健康、美容、时尚和饮食行业推动并大力营销，随时准备好利用人们的弱点大做文章。通过定义理想型，这些产值数百万英镑的行业让人们觉得自己的身材有问题——而在此之前，他们可能从来没觉得自己有这方面的问题——接下来这些行业就会为人们提供往往非常昂贵的"解决方案"。

是时候诚实一些了。你照镜子时，首先会想到或评论自己外形的哪一点？

你照镜子时有何感觉？使用情绪健康温度计记录自己的情绪温度。

你对自己身体的想法和感受，会如何影响你接下来的行

---

① "海洛因时尚"（herorin-chic）流行于20世纪90年代，是指外貌具有瘾君子的特征，如面容苍白憔悴及眼睛空洞深陷。——译者注

② 《骨感而强壮》（Strong is the New Skinny）是珍妮弗·科恩（Jennifer Cohen）和史黛丝·科利诺（Stacey Colino）于2014年出版的一本健身书籍，引领了一种新的健美标准。——译者注

动方式？

早上照镜子对人的一天影响很大。如果你照镜子时看自己很顺眼，你会更自信地投入新一天的战斗。

然而，如果你发现镜子里的人也皱着眉头看着你，就可能会选择"掩盖"自己的身材缺陷，或拒绝别人的邀请，因为你害怕你不敢恭维的样子可能会被别人看到或评价。这可能会影响你与同性朋友和异性恋人的相处方式，甚至可能分散你的工作注意力。

如果你对自己的身体形象不满又太过在意，就无法享受当下，机会来了你也不想抓住。你甚至可能会和我的许多患者一样，深信只有当你达到一定的体型或体重时，才会获得幸福、成功或者爱。

在浏览社交媒体或翻看杂志时，我知道很难不被那些关于你的样貌应该如何如何的营销策略吸引，自然而然你就会拿自己跟他人比较，瞬间觉得自己皮肤不好了。如果你经常因自己不佳的身体形象而痛苦，总是去想自己的样貌和自知的缺点，这会让人筋疲力尽，憔悴不堪。

问问自己

对你来说,怎样才算完美的身体?

完美的身体会给你带来什么?

这些想法从何而来?

回顾你过去那些年,是什么影响了你与自己身体之间的关系?

成长过程中,你觉得自己身材样貌怎么样?

别人经常对你的身材样貌发表评论吗?

身边的人(父母、亲戚、朋友)如何评价他们自己的身材样貌?

大众传媒或社交媒体是否塑造了你对"完美身体"的看法?

五感挑战

镜子镜子告诉我

学会每天练习对身心的感恩。每天早上照镜子时,把你所看到的记下来,质疑那些直接蹦入你脑海的负面评价。针对你对自己样貌的每一个消极想法,鼓励自己给出一个积极的评价。

把自己看作一个由内到外的整体,不要只关注与审美有关的东西。挑战自己,写下你喜欢自己的五个方面。

1. _____
_____
2. _____
_____
3. _____
_____
4. _____
_____
5. _____
_____

你可以:

◎ 想想自己的身体能做些什么。这一天它将在身体上和精神上帮你做到什么？

◎你有什么积极的品质和个性特征？

把这个清单放在容易看到的地方（比如贴在镜子上）或者你经常去查看的地方（比如手机里的笔记类 App）。下次你如果再对自己的身体说三道四，马上停止这种想法，拿出这个清单，提醒并积极地告诉自己，你的身体能做什么。

早期的研究表明，练习自我肯定可以让你更积极地看待自己，对自己的身体形象更满意，这样你也就不会总是用体重和体型作为自我评估的标准了。

萝丝的故事

27岁的萝丝多年来一直不喜欢自己的身体。她十几岁和二十几岁时一直过着"溜溜球瘦身"[①]生活。她经常不吃饭，尝试最新的减肥奶昔或减肥药，买小一号的衣服，努力让自己"瘦下来，穿进去"。她穿的衣服很不舒服，这能时刻提醒着她必须瘦下来，所以她坚决不买大一号的衣服。她每天早上都称体重，如果体重一点儿没减或者反而涨了，她就斥责

---

① "溜溜球瘦身"（yo-yo diet）是指减肥者过度节食而导致身体出现迅速减重又迅速反弹的情况。——译者注

自己。要是体重增加了,她接下来12小时都会不吃东西,然后到了晚上大吃大喝。要是体重如她所愿,她会感觉更轻松、更快乐、更自信。她严格控制自己的饮食热量,多摄入一卡路里她都会批评自己缺乏自控,她觉得自己现在很胖,以后也会一直胖下去。

萝丝告诉我,她所认为的理想的体型来自社交媒体和时尚杂志。环顾四周也全都是这样的俊男美女,所以她相信,要想让自己招人喜欢甚至取得成功,她的体型样貌也必须如此。她深信,一旦自己达到了理想的体型或体重,她就会更快乐。

萝丝现在一点儿也不胖,所以我不明白为什么她以前觉得自己不招人喜欢、不成功也不快乐。那时的她,生活中似乎有太多"如果……"和"等到……"。她承认,减肥成功之前她搁置了很多事情,比如买新衣服、注册婚恋网站和争取升职等。

萝丝承认她一度深信,如果她达不到社会上那些不切实际的预期,自己就不配快乐也不配成功。她总是要么从现实生活中和网上的人那里,要么从体重秤上的数字或服装标签上的尺码上来寻求对自己身材的认可。这就意味着,当事情进展顺利时,也就是说如果别人夸她好看、体重如她所愿或者她能穿进某个尺码的衣服时,她就是个"好姑娘"或"自控力强"的人。而当她无人赞美、体重顽固不降并且每次都要努力把自己塞进小一号的衣服里去的时候，她就觉得自己很"坏"或"缺乏意志力缺乏自控"。这些评语成了她的道德指南针。

萝丝把对自己的判断交给了其他人和物来决定，致使她无法形成对自我的正确评价。哪怕她某天早起时对新的一天充满信心，踌躇满志，体重秤上的数字也有可能会让她瞬间泄气，立刻觉得自己"没资格自信"，新的一天也不可能开心得起来。

萝丝逐渐意识到，要愿意接受自己当下的体型，才能慢慢变得自信起来，为此她必须不去在乎别人的认可、体重数字或是某种"理想"的衣服尺码，这些外在的东西随时都会破坏她努力减肥的成绩。

后来萝丝逐渐不再执着于这些外在的东西，也不再让自己受它们控制。她把体重秤丢进垃圾桶，一开始她确实不习惯自己"不知道体重"，慢慢地她发现自己解放了，一天的心情也不再由体重数字来决定。她对生活有了前所未有的掌控感。

与此同时，她重拾了购物的乐趣，买了很多适合自己身材的衣服。过去她曾经那么看重体重数字，而与人生更多宏大的可能性相比，体重其实是那么微不足道。她发现，密友和家人在她眼中就不是数字，她看重这些人给她的感觉以及他们的个人魅力，所以在这些人眼中，她同样也不只是一个数字。

把自己从这些外在的东西中解放出来以后，萝丝终于开始重新建立自我认知，而不再被某个尺码或数字牵着鼻子走了。

◆ 五感挑战 ◆

七天摆脱法

以下这些条目，是影响我的患者所思所感以及所作所为的最常见的东西。这些东西对你来说很熟悉吗？

请记录你对以下每项的情绪健康温度。

◎订阅的电子邮件。

◎社交媒体。

◎衣服尺码。

◎健身手表、计步器或活动追踪器。

◎饮食监控 App。

◎厨房秤或量具。

◎体重秤。

在接下来的七天里，挑战自己，每天摆脱或取消订阅其中一个令你讨厌的东西，先从你最不害怕的（蓝色）开始，最后是你最害怕的（红色）。你的七天摆脱法可能类似以下情况：

星期一

取消订阅某些垃圾邮件，因为它们总是偷偷溜进你的收件箱，告诉你有什么最新的神奇饮食减肥法，或是哄你加入某个最新的健康健身计划。

星期二

精选你手头的社交媒体，对于那些经常让你觉得自己身材不好的，取消关注或关闭它们。

星期三

清理一下衣柜，对于所有不合适的衣服，以及那些你无法保证哪天可以"把自己塞进去"的衣服，扔掉它们。

星期四

如果你有健身手表或计步器，重新考虑一下它的用途。如果它存在的意义仅仅是为了让你对自己吃了什么、动了多少来负责的话，可以把它扔掉了。

星期五

如果你的手机或其他设备上有饮食监控 App，删掉它。

星期六

如果你用厨房秤来控制每顿饭或零食的分量，那就把这个秤扔掉，因为你总是担心不用秤会对你的体重或体型产生负面影响。当然有些时候，厨房秤对于烘焙或烹饪是必不可少的，再加上某些菜谱的分量需要严格遵照。只在这些情况下允许自己使用厨房秤，而且必须明确目的；对于其他任何超出这个范围的事情，不要让自己使用厨房秤。

星期日

把体重秤扔进垃圾箱。

如果使用上述用品已经成为你一段时间以来的常态，脱离它们会让你感到非常难以实现。你们中有些人可能会咬紧牙关，立即停止使用这些东西。而另一些人可能需要更长的时间，还有可能重新使用上述用品。善待自己很重要，不要把离不开它们解读为又一次"失败"。你应该接受这样一个事实，即当你想要改掉一些习惯的时候，疏忽是难免的。称体重或监控自己饮食的想法可能总会诱惑你，但你应该可以做到削弱它们对你的控制。

如果你发现自己尽管实施了七天摆脱法，还是会伸手去拿上述某个东西，那么请停下来，把这个东西放下，问问自己：

◎ "这东西有可能让我自我感觉良好吗？"

◎ "这东西实际上会告诉我什么？"

挑战自己，想想这个东西无法告诉你什么？

◎ "它无法告诉我，我这个人很适合做朋友。"

◎"它无法告诉我,我一直坚持照顾生病的母亲。"

当你想要监控自己的饮食、体重和体型时,要小心不要过度。我看到有些患者对自己身体的强迫性想法非常磨人且令他们痛苦,这些想法对他们的个人、社会和工作都有影响。他们的情绪也会深受其害,有些人甚至可能出现身体健康问题。如果你也是这种情况,一定要去咨询医生。

改变看法

你的信念

我们对新鲜经历的解读方式往往源于我们对自己、他人和世界的一些根深蒂固的信念。我们一开始可能感觉不到，但是某个特定的情境会使这些信念通常以情感反应的方式表现出来。

心理学家阿尔伯特·艾利斯（Albert Ellis）是 ABC 模型（包括激活事件、信念和结果）的支持者，对于那种认为只有人或情境（激活事件）才能决定我们在特定情况下的感受和行为（结果）的观点，他并不赞同。

他认为中间缺失了一个环节。一个事件不会直接影响人的感受，而是人对情境的解读，即人的想法或信念，最终导致人的感受和行为。

例如，你和爱人吵架后情绪低落，紧接着你断然与爱人分手。你的难过不是直接归咎于"吵架"，而可能源于一种根深蒂固的信念"如果想拥有幸福、爱意满满而持久的感情，永远不能吵架"。所以，一旦吵架就会引发这种非理性的信念，可能会让你得出"这段感情不幸福"的结论，因此你就突然结束了这段感情。

长期持有这种非理性的信念无疑会影响你未来恋爱关系中的想法、感受和行为。我们都知道，即使是最相爱的两个人，也是不可避免会产生分歧或争论的，而你在面对下一个类似的触发事件时，情绪低落和结束这段关系的行为反应会被重复和加强。这进一步强化了你对自己"不擅长人际关系"和"注定永远孤独"的判断，也就可能会损害你的自尊和整体精神状态。

艾利斯提出了理性情绪疗法（Rational Emotive Therapy，RET），旨在挑战类似的非理性信念并对它们进行重新定义，希望帮助人们以不同的方式看待这些非理性信念，从而发展出更健康的行为方式。

梅根的故事

梅根火车晚点了。她要去跟朋友共进晚餐，庆祝朋友订婚。此刻她在站台上走来走去，越来越焦虑，因为很显然她要迟到了。她给朋友发短信道歉，而那小两口觉得等梅根赶到的话，他们很可能也订不到餐位了，于是他们决定改期再聚。梅根为此感觉糟透了，她觉得这样一来，朋友以后都不想理她了。

我利用 ABC 模型与梅根一起分析了当时的情况，是火车晚点（触发事件）导致她焦虑并觉得自己不够朋友（结果）。这样一分析我们发现，梅根的情绪反应源于这样一种信念："绝不能迟到。""迟到是一种不尊重人的行为。"

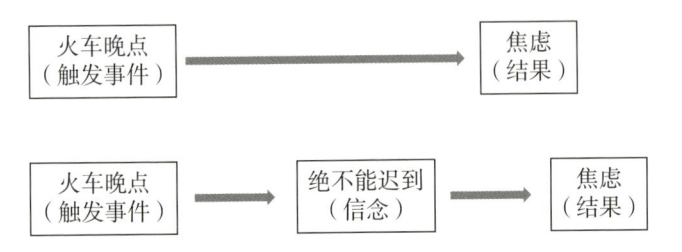

火车晚点（触发事件）→ 焦虑（结果）

火车晚点（触发事件）→ 绝不能迟到（信念）→ 焦虑（结果）

梅根也有其他类似迟到了然后自我感觉糟透了的时候，比如打车上班时因堵车而迟到，本来跟朋友约喝咖啡却因对路人施以援手而迟到，等等。

我和梅根认为，这些规矩和信念意味着她给自己设定的标准太高了。按照这种要求，梅根从来不允许自己迟到，即使是在客观条件完全不受她掌控的情况下。她正是因为这个信念才冥顽不化，而且从来不接受其他解释。

我和梅根后来达成共识，她最好把这个信念当作偏好或理想状态，告诉自己"理想状态下我从来不迟到"，而不是"绝不能迟到"。她也应该接受的是，她无法预见自己是否总会如愿，也就是说是否自己永远不会迟到。

为了帮助梅根对于迟到不要过分苛责，要学会灵活，我们一起重新分析了她应该如何解读迟到,并为她找到了一个更合理的信念。

对于迟到,梅根以后当然还会感到自责焦虑,但在我的帮助下,她现在已经可以接受"火车晚点不能怪我,我也没办法"这种说法了。

她做到了重新看待整件事情,觉得朋友肯定能体谅她不是故意迟到,因此对于不能一起庆祝订婚这个事实,朋友多半只是会"失望"而不会"生气"。

◆ 五感挑战 ◆

改变一些信念

你是否曾发觉,某人或某个情境会直接影响到你的感受?你是否想过,你之所以会有此感受,其根源恰恰是那个缺失的环节,也就是你对情境的解读或信念?

下次当你感觉情绪处于不理想状态时,请你找到:

触发事件 明确事件的内容,如火车晚点。

结果 这事让你有什么感觉?例如,自责。

信念 考虑一下缺失的那个环节。在这种情况下,哪些信念占了上风,能真正解释你为什么会有这样的感受?例如，绝不能迟到。

备注：_____

_____

_____

_____

_____

_____

信念的营地

我开发了一套思考问题的方式，用来思考一个人对自己的信念是否持有什么偏见，我把它命名为"信念的营地"。你是否曾对某个道理深信不疑，然后总是试图找到例子来证实它，以证明你所相信的这个道理？

你或许一直觉得爱人喜欢在你跟他聊工作的时候打瞌睡，所以你经常为此跟他翻旧账，但其实他曾无数次倾听你说的每一个字，只是你下意识拒绝承认这一点而已。

你或许决定开始尝试某种最近流行的饮食减肥方案，而你周围的朋友不太赞成，他们担心这对你的身体弊大于利。

为了证明"这是适合你的饮食疗法"这一信念,你阅读了所有关于这种减肥方案的文章,但你只给朋友看那些支持你观点的文章,却对持相反观点的文章视而不见。

即使有证据与你的信念相左,你对所有可用信息也只会有选择地解读,使其支持你的信念。这就是人们通常所说的确认偏误(Confirmation Bias)。

我自己也犯过确认偏误的错误。为了说服丈夫我一定要买那个新款手提包,我只留意类似"这是每个女人都需要的包"的评价,而忽略那些说这种包材质低廉或其他买家的负面评价。

这样做的问题是,如果解读和使用信息都是为了维护自己的信念,我们就无法掌握全部客观事实,而客观事实也是很重要的信息,并且可能导致全然不同的结果。

你可能会因为爱人不喜欢听你倾诉而结束这段感情,也可能会因为尝试了最新的饮食减肥法而导致身体非常不舒服,而我买的手提包,肩带可能不到一个礼拜就断了。

重要的是,下次当你为自己所相信的东西寻求证据时,请你退后一步客观地看待这个问题。问问自己,你是否权衡了所有的信息和证据,还是仅仅筛选顺你心意的部分。如果自己更客观地权衡利弊,会产生不同的结果吗?而且这个结果有可能并不是你特别想要的结果。

萨姆的故事

在恋爱方面，萨姆似乎屡战屡败。她发现往往还没约会几次，男人就对她没兴趣了，至少她认为是这样。几年前她与恋爱多年的男友扎克分手了，她深爱的扎克移情别恋，而她，日子再难也要继续过下去。

我和萨姆聊的时候，她对自己的结论是：

"我永远找不到真爱"（对自己的信念）；"所有男人都会移情别恋"（对他人的信念）；"爱神不会垂青于我"（对世界的信念）。

这就意味着萨姆在面对可能的恋爱对象时，每次都自动开启防御模式。她有一搭没一搭地把个人简介挂在婚恋网站上，约会时也无法全情投入，不愿放下戒备。每当第二次约会无法进行时，她不去分析自己的问题，而是觉得这再次证明了"我不值得爱""所有男人都会移情别恋""爱神不会垂青于我"。这个自我应验的预言于是越来越强大，越来越难以动摇。

我告诉萨姆，如果把自己的每个信念都当作营地里的帐篷，而每个钉桩就是支持这一信念的证据，以保持帐篷牢牢固定在地上，那么只要她把一个又一个失败的约会（钉桩）继续当作证据，她的信念（帐篷）既不会飞也不会倒，而是永远在那里。

萨姆需要做的，不是继续找到钉桩把信念的帐篷固定住，撑起来，而是拆掉钉桩或者把它们放在别处（比如钉桩袋子里），这样就可以放倒信念的帐篷。

为此，她必须接受的事实是，她的信念可能是错的。比如她觉得自己永远找不到真爱，我和她一起分析了这种想法的错误；对于她的其他信念，我们也都列出了正反两方面的例证。

经过思考，萨姆承认"自己约会时表现得一点也不积极""前男友之前的那些男友并没有移情别恋"，她也确实"有一搭没一搭地把个人简介挂在婚恋网站上"，这样她慢慢松开了关于自己不值得爱这个信念帐篷的钉桩。随着这个帐篷开始飞走，萨姆也决定打开心扉，准备在约会时更积极主动一些。她所做的第一步就是修改了自己挂在婚恋网站上的个人简介，让简介更能展现她真实的自我。

• 五感挑战 •

拆掉帐篷

想想你自己信念的营地是什么样子。你对不同的情境持有什么信念？你是否一直在寻找证据，来证明这些信念是正确而无法动摇呢？下次当你发现自己有负面情绪的时候，想想这个帐篷和钉桩的比喻。挑战自己，想想你能不能把钉桩从地上拔出来，然后把它们放回袋子里。这样的信念帐篷，倒了就倒了吧。

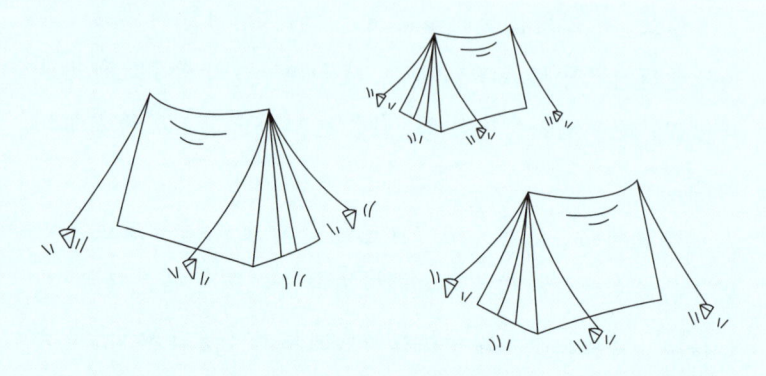

对于一些根深蒂固的钉桩，要习惯反复挑战它，晃动它，使它松动，这样你就能削弱它对你的控制了。

选择见谁

人以群分

身边的人（家人、朋友和同事）对一个人的情绪和心理健康有着巨大的影响。社会关系和保持人际交往可以帮助一个人调节和管理压力。社会关系，尤其是能够满足一个人某个时刻特定需求的社会关系，可以帮助一个人在遇到压力时解读这种压力，并将压力对自己的影响降到最低。也有研究表明，社会交往多的成年人比孤僻的同龄人更健康更长寿。如果一个人感到孤独，社会关系少，人际关系差，就更容易出现抑郁症状。

当某天早晨我醒来心情很好丈夫却莫名暴躁时，我的好心情很快就会烟消云散。我想哄哄他，开个玩笑，却发现他更生气了。我以为这不会影响到我，但其实自己被坏情绪感染也只是时间问题，然后我的一天也就此以坏心情开始了。

同样的道理，当我女儿因为马上要放假兴高采烈地跑进我的卧室时，她的快乐会很快感染我，让我情不自禁与她共享这种喜悦。

> **社会关系，尤其是能够满足一个人某个时刻特定需求的社会关系，可以帮助一个人在遇到压力时解读这种压力，并将压力对自己的影响降到最低。**

对于有些人，他人的情绪可能会激发他们产生完全相反的感觉。比方说当你情绪低落时，好朋友的热情积极实际上有可能会强化你的感觉，让你感觉更糟。

我经常听到患者为身边负能量满满还喜欢影响别人的人找理由开脱。大多数时候，他们会原谅爱人、朋友或家人的这种行为，似乎这个人的所作所为如他所料。

"_____就是那样的人。"

不管对方的负能量如何影响到了你的情绪，为他开脱是否就等于否定了他的不当行为呢？

问问自己

想象一下，一个朋友说自己经常遭到身边某个人的贬低或批评。作为旁观的局外人，你会对那个朋友说些什么呢？

_____

是什么阻止我们听从自己的看法,而让别人的看法伤害我们?

我们有什么不配被人尊重的地方吗?

当某个情境没有直接影响一个人时,他看问题会更清楚,因为他与当事人不同,不会有什么损失,也不会投入过多情感。

◆ 五感挑战 ◆

测测你的朋友

想想你每天接触到的人,谁都行,可以是你的枕边人、早上咖啡店卖咖啡给你的店员、你的老板、你的朋友,等等。把每个人都写下来。

若想做得更谨慎周到些,你可以使用下一页的日志,或者打开手机上的记事本。

想想这些人给你真实的感受是什么。

在每个人的名字旁边标注你的情绪温度:什么颜色最能

反映你和他总体的关系？红色代表总是攀比、酸溜溜的评论和负能量，蓝色代表正能量和绝对可靠。

当你发现自己与朋友或同事意见不一致时，请使用这个日志。它可以帮你区分到底是"今天大家状态都不好"，还是这就是你与那个人关系的常态。

我们都有权享受舒服的日子。可能某天某个朋友被你标红了，但一般来说你们的友谊主要还是蓝色和绿色。可是如果你发现跟一个人的友谊经常被标红，一定要评估一下你为什么还要维持这段友谊。

这样做看上去有些冷酷无情，但一定要认清其他人对你情绪健康产生的影响，并仔细研究这段关系对你的实际意义。要知道，友谊到期作废了也没什么可耻的。人们经常出于情感或念旧而维持友谊，殊不知却忽视了其可能对我们产生的负面影响。

人物	角色	跟你怎么认识的？	见面频率	你对这个人的总体情绪温度

续表

人物	角色	跟你怎么认识的?	见面频率	你对这个人的总体情绪温度

查尔斯的故事

查尔斯和安特是20多年的好朋友。他俩从幼儿园开始就是好哥们,陪伴彼此经历了很多人生中的第一次:第一次闹别扭、第一次开派对、第一次接吻、谈第一个女朋友、第一次喝醉,等等。长大后查尔斯越来越感觉跟安特不是一路人,毕竟以前他俩志同道合,干什么都在一起,现在却经常争执不休,这确实不太对劲。查尔斯有份好工作,也刚刚向相恋多年的女友求婚了，正盼着接下来买房、结婚、生子。

而安特还是过着拈花惹草的生活，做着一份自己不喜欢的工作，每到周五晚上就兴高采烈地迎接一醉方休的周末。每周末查尔斯都要找理由告诉安特，他"不想出去玩"，而安特照例痛斥查尔斯为"讨厌鬼"，还说他"变了"。一开始查尔斯觉得安特也没什么恶意，可总是要为自己的行为找正当理由这一点让他很难受。安特就不能"明白"查尔斯的心意吗？后来他发现安特越来越爱以挑衅的方式处理这种分歧，有好几次他夜生活结束后来到查尔斯的公寓，凌晨不停地按门铃，把查尔斯的女友和其他邻居都吵醒了。查尔斯逐渐发现，自己很难从他俩的友情中找到正面的东西，同时他也怨恨安特为什么不能为他现在过得好而高兴。

查尔斯几次尝试在安特清醒的时候跟他谈，可是安特不想好好谈，两人每次还是会吵起来。最终查尔斯不得不承认，是念旧让他维持这段友谊，毕竟那么多年的朋友不容易。但问题是他从这段友谊中已经再也得不到任何正能量的东西了。查尔斯直截了当告诉安特，他的所作所为令他不快，听他这么说后安特也不高兴，并且拒绝有所收敛和自我检讨。查尔斯因此别无选择，就与安特一刀两断了。查尔斯很清楚自己在做什么，安特也固执地不示弱，因此查尔斯知道自己无须再忍受两人之间互相憎恶的敌意了。虽然查尔斯怀念"过去的好时光"，但他也知道，安特只是出现在他生命中特定阶段有特定意义的一个过客而已,有些友情,结束也很正常。跟安特分道扬镳以后,查尔斯每次手机振动或响起来的时候也就不再感到紧张不安了。他现在可以专心计划美好未来,不用老想着为自己找理由或是忍受接二连三的责骂了。

五感挑战

友谊断舍离

想象一下,打开你的衣柜,衣柜里完全是一种有组织的混乱。

其中有一些衣物是经常穿的,让你觉得舒适自在。这些衣物往往放在你卧室角落的椅子上,因为你还没想好要不要洗这些衣物——洗之前应该还可以再穿一次吧?

还有一些衣物被推到衣柜后面,它们让你想起过去或是那个时候的自己。这些衣物有的尺码不合适了,有的过时了,但你还留着它们,因为你觉得有一天自己还能穿进这个尺码,或者有一天某件衣服还会重新流行起来。

最后还有一些衣物,你会为了特定的场合或目的偶尔拿出来穿,穿上它你完全不是你自己了,感觉非常不自在。

近藤麻理惠（Marie Kondo）[①]彻底改变了我们对衣橱的看法，迫使我们用同情且批判的眼光看待衣橱里的衣物，并创造了那句烂大街的口号："这能激发快乐吗？"按照这个思路，我希望你把自己现在所有的人际关系都扔到一张假想的床上。你现在面临的挑战是，要么把它们挂回你假设的衣柜里，要么把它们放进门边的袋子里准备扔出去。记住，这并不是要扼杀你所有的人际关系，而是你要有信心让它们经得起审视，你要强迫自己评估你从这些人际关系中得到了什么。

"断舍离"要问的问题：

◎和这个人在一起时，我能表现出自己最好的一面吗？

◎我是否经常说话时小心翼翼，怕惹恼这个人或怕他与我意见不一致？

◎如果我认识的人是这个人的朋友，我会给他什么建议呢？

◎即使我不愿意，也会出于内疚陪着这个人吗？

◎和这个人相处一段时间后，我是否会感到情绪低落？

◎这个人会经常打压我斥责我吗？

[①] 近藤麻理惠是日本著名整理大师，也是《怦然心动的人生整理魔法》一书的作者，她倡导不同物品有不同的整理方法，以服装整理为第一要务，应通过有序的整理，使空间和生活状态得到实质的改变。——译者注

◎这个人会时刻要求我把时间和注意力都给他吗?

◎没有及时回复这个朋友的电话或短信时,我感觉如何?

◎我和这个人的友谊是互惠的吗?也就是说,我们的付出是 1∶1 吗?

必须指出的是,人的一生中,可能在一些情况下,你对朋友的付出比例是 4∶1,比如在朋友失恋或离婚、亲人去世或朋友丢了工作的时候;同样,你也会有遇到困难特别依赖朋友的时候。上述九个问题其实是让我们学会退一步,全面审视自己的友谊。

还没准备好放手吗?

如果你想好好解决一段人际关系中的问题,以便自己的生活能够轻装前行,而这个"断舍离"挑战迫使你发现了一些不那么令人愉快的真相,那么你不如与你的朋友进行一次开诚布公的对话,越是亲近的朋友更应该如此。你可以跳到下一章"听觉"中的"直接说不"和"认可重要吗"这两个部分,其中的内容会指导你如何对付挑三拣四的朋友。

如果你觉得跟某个朋友在一起的时间太多了,可以考虑减少见面，看看这是否会影响到你的感觉和情绪健康温度。虽然你不太可能改变朋友的脾气秉性，但你能做的是改变自己在这段关系中的所作所为，以确保自己的精神健康。

五感情绪锻炼

十周改善你的心理健康

第二章
听觉
CHAPTER2

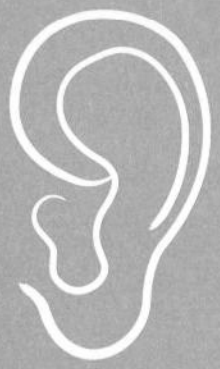

倾听自己

回想一下自己最近一次压力山大的状态，有可能是一次工作面试、驾照考试或第一次约会。你当时的第一个想法是什么？对于许多人来说，内心有个批评者好像在说"你不会得到这份工作""你会搞砸"或者"他不会喜欢你的"。这些说法是不是很熟悉？如果确实如此，当时那个想法让你有什么感受？也许是不舒服，胃里难受或心跳加速。这些感受让你做出了何种行为？也许你面试回答一个问题时犯糊涂了，停车时忘记用后视镜观察角度，约会时找借口提前离开了。人生中太多时候，我们陷入了想法——感受——行为的恶性循环中无法自拔。通过学习如何管理并改善自己的想法，我们可以改变与自己对话的方式，改变自己的感受和行为，这样恶性循环就不攻自破了。

> 通过学习如何管理并改善自己的想法，我们可以改变与自己对话的方式，改变自己的感受和行为，这样恶性循环就不攻自破了。

当感觉自己"受到威胁"时，例如面试前你很紧张，你的杏仁核会向下丘脑发送一个信号。杏仁核是大脑中负责处理情绪的部分,而下丘脑是大脑的另一个区域,负责与身体的其他部分进行交流。下丘脑把信息传达到自主神经系统,该系统由两部分组成:交感神经系统负责启动"战或逃"反应,副交感神经系统则负责在威胁消失后让你平静下来。

交感神经系统把信息传达到肾上腺,分泌肾上腺素释放到血液中。肾上腺素会导致身体内产生人能够感觉到的许多变化。它可以导致心跳加速,从而确保血液到达需要它的地方——比如腿部肌肉,帮你拔腿就跑。它还会加速呼吸,让你吸收尽可能多的氧气。肾上腺素还能释放血糖和脂肪,为你的身体进一步提供所需的能量。

如果你仍然感觉自己受到威胁,比如面试时发现面试官很可怕,下丘脑-垂体-肾上腺轴(HPA轴)就会被触发并释放皮质醇(压力激素)。这有助于使自己持续处于警惕状态。当你感到威胁降低时,就会触发副交感神经系统帮你平静下来,减少身体的压力反应。

你对一个情境的想法和对自己说的话都会影响这些系统的触发,甚至影响你的行为。面试前感觉难受可能会使你表现得不那么自负,这样就能做到全情投入好好表现(这属于"战")。不过你也可能会被自己的想法和感受压得透不过气来,索性就不努力了(这属于"逃")。与其把面试前的焦虑解读为你得不到这份工作的信号，不如把它当作一种兴奋的状态，因为你马上就会得到梦寐以求的工作了。

克莱尔的故事

朋友们邀请克莱尔晚上一起出去玩。她脑子里的想法却是"我不够苗条"。她忽然感受到焦虑，肚子不舒服，感觉有点恶心，情绪健康温度变成了红色。她马上开始找衣服穿（行为），却发现没什么合适衣服。这就助长了又一个负面想法的循环，她脑子里对自己说"我太胖了""我没有自制力"（想法）。这下她肚子更不舒服了，肩膀开始发紧（感受）。

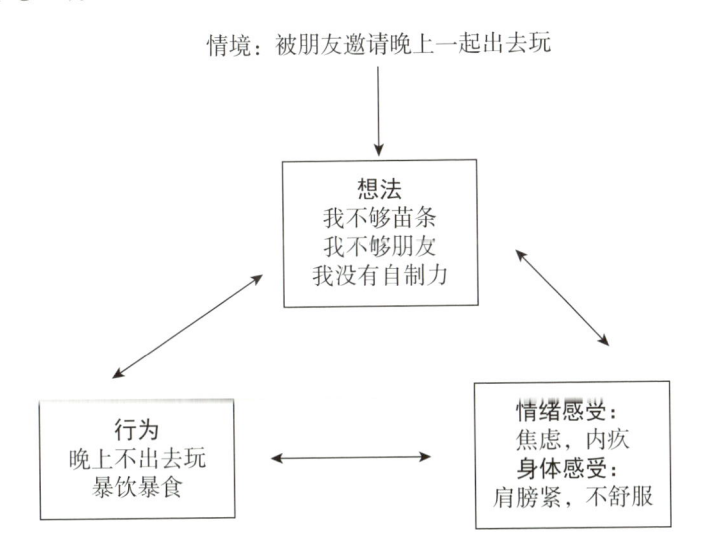

情境：被朋友邀请晚上一起出去玩

想法
我不够苗条
我不够朋友
我没有自制力

行为
晚上不出去玩
暴饮暴食

情绪感受：
焦虑，内疚
身体感受：
肩膀紧，不舒服

她决定在接下来的24小时只喝不吃，争取让肚子变得平坦一些（行为）。可是24小时后她觉得很不舒服，这让她已有的身体信号变得更糟了，肚子难受，感觉恶心（感受）。

她决定不跟朋友出去玩了，并给其中一个朋友发信息表示歉意（行为）。她脑子里马上说自己"不够朋友""一无是处"（想法）。接下来她的肚子更不舒服了，也愈发内疚自卑（感受）。她索性在电视机前安营扎寨并拿出一堆饼干大吃起来（行为）。她把自己弄得很不舒服，胃胀得难受（感受），于是觉得"我太胖了""我没有自制力"（想法）。

没跟朋友晚上出去玩并没有减轻克莱尔的感受，反而进一步助长了她的负面想法。她觉得自己让朋友失望了，因此更加焦虑内疚，肚子也更不舒服了。接下来，她想从吃饼干中寻找安慰，这让她更内疚，觉得自己"没有自制力"，于是她继续吃饼干，一直吃到都想吐了。最终克莱尔发现自己陷入了想法——感受——行为的恶性循环中无法自拔。她越来越无法承受这一切，极其焦虑，看不到任何出路。

我给克莱尔介绍了"正念"的作用，帮她给自己按下暂停键，重新组织自己的想法，并且平静下来，我希望这能帮助她做出更积极的行为。

"正念"在《剑桥词典》（Cambridge Dictionary）里的定义是"为了创造一种平静的感觉，练习关注自己此时此刻的身体、情绪和感受"。人们有一种普遍的误解，觉得基于正念的活动就是"清理大脑",忽略任何消极的想法或感受。事实上并非如此。相反,正念是指接受进入你脑海的所有想法却不受其羁绊,迅速重新把注意力放在你正在做的事情上,而不是让自己陷入想法——感受——行为的循环中不能自拔。

目前已经开始有研究依据表明,正念活动以及接受自己当下的体验(想法、感受和身体上的感觉)对缓解焦虑有帮助,并有望帮助治疗抑郁症;研究表明,学习正念冥想的患者在遇到压力大的心理挑战时,具有更好的适应力。基于正念的活动可以包括:

◎按顺序关注身体各个部位的感觉——身体扫描。

◎正念呼吸。

◎更加专注于日常活动,比如吃饭不分心。

◎温和的锻炼,比如瑜伽。

我经常向患者推荐五感倒数,这是一个简单的基于正念的练习。

◆ 五感挑战 ◆

五感倒数

五感倒数是指关注当下,而不让自己陷入令人压抑的想法——感受——行为这种循环。

在开始这个训练之前，记录下你的情绪健康温度。

如果可以的话，找一个安静的地方。

不要老想着把消极的想法赶走或阻止不舒服的感觉。如果它们进入脑海了，就索性承认它们，但要把你的注意力放回到这个任务上。

专注于你在当下环境中感受到的东西，默默地接受它们，或者放松自己把它们大声说出来。

能看到的五样东西：

◎ 我看见自己的头发。

◎ 我看见树上的鸟儿。

◎ 我看见路人在赶公交车。

◎ 我看见一辆红色小轿车。

◎ 我看见自己羊毛衫上的花纹。

完成了这一步以后，我希望你专注于自己的下一个感官。

能听到的四种声音：

◎ 我听见汽车鸣笛声。

◎ 我听见一个路人的咳嗽声。

◎ 我听见树叶沙沙声。

◎ 我听见有人吹口哨。

能闻到的三种气味：

◎我闻到附近排气管冒出的烟味。

◎我闻到附近面包房的香味。

◎我闻到清晨的霉味。

能触摸到的两种感觉：

◎我感受到牛仔裤粗糙的手感。

◎我触摸自己的鼻子。

能品尝到的一种味道：

◎我吃薄荷糖。

完成这个练习后，记录下你的情绪健康温度。

你的情绪健康温度下降了吗？压抑的感觉是不是好一些了？感到更平静了吗？

这个练习帮助我的许多患者得以离开想法——感受——行为这个循环，暂时休息一下，这样一来他们的焦虑感减轻了，也能更理性地思考在特定的情况下怎么做是最好的。

错误的想法

错误的想法也就是文献中经常提到的"认知扭曲"，是指一个人可能陷入的非理性思维模式，它会让人感到情绪消极，行事方式不尽如人意。

　　我们可能不同程度上会有这些非理性的想法，这些想法对一些人的消极影响比对其他人更大。了解最常见的"错误想法"很有好处，因为学会发现它可以帮你阻止它的前进，你应该挑战这种错误想法并减轻它可能带给你的感觉或对你行为的影响。稍后我们会讲到你可以如何挑战或重新定义这些错误的想法。

错误想法的类型

算命型

　　"我什么都学不会。"

　　"反正我这方面太差了。"

　　在尝试一件事情之前，你是不是就告诉自己你做不好？你是不是会预测结果并被可能的结果所困扰，以至于你无法享受其过程？这就是算命型想法——你总是对事态如何发展妄下结论（负面的）。

　　下次当你意识到自己又在算命时，想想有什么证据表明你认为会发生的事情都会发生。恐怕唯一的证据就是你内心的"找碴者"或是那些错误的想法。

　　提醒自己，这是一个错误的想法，你不可能知道未来会发生什么，如果总是迷失在"可能会发生什么"之中的话，你就无法享受当下的体验。

泛化推理型

"那次我失败了，因此我以后每次都会失败。"

"侄女被我抱着时哭了，所以被我抱着的孩子都会哭。"

你是不是有过一次糟糕的经历之后，就确信这种情况每次都会发生？于是你对类似的情况更谨慎甚至可能会躲开，是不是因为你害怕类似的负面经历？

下次当你发现自己又在泛化推理时，提醒自己，仅仅发生过一次，并不意味着总会发生。

提醒自己，这是一个错误的想法，如果总觉得"它会再次发生"，你就没法享受未来的很多经历。反思一下之前那个"糟糕"的经历，不要假设它会再次发生，而是想想你可以采取哪些措施来为下次做好准备。你是不是应该提前做些功课？你想不想了解婴儿可能会哭的 N 种原因？

读心术

"每个人都觉得我做不到。"

"他们没给我回电话，他们肯定不把我当回事。"

在别人开口说话之前，你是不是就确定知道他们对你有什么看法？你假定他们对你有某种看法，而且通常都是负面的看法，所以你就改变了自己的所思所感和所作所为。你可能会说服自己不去做某件事情了，或者不去 100% 地付出努力，就因为你确信他们对你有那种看法。你妄下了一个（否定的）结论。

下次当你发现自己又在搞读心术时，告诉自己你不可能知道每个人对你的看法。提醒自己，这是一个错误的想法，这个人可能压根没有你一厢情愿以为的他对你的那种看法，但这种错误想法却让你无法体验一些可能非常积极正面的东西。你应该理性地告诉自己"他实际上并没说过我很［某个形容词］"，然后继续潇洒前行。

总是针对自己

"我突然出现时他们总不在，这一定是我的问题。"

当一些事情没有按照计划进行或者没有达到你的预期，而且其实有很多原因导致如此时，你是不是总觉得是自己的责任？你是不是每次会自动认为这事与你本人有关或是与你的所作所为有关？

下次当你发现自己又在针对自己时，提醒自己，这是一个错误的想法。告诉自己，某些事件的结果或别人做何反应，不应该由你来负责。想想看，明明你没有责任却把责任揽到自己身上，这种心理负担将如何影响你的将来。你可能会故意躲开某些情况，因为你认为这样会导致谁都不希望的结果。

过滤型

"虽然考试通过了,但我还是忍不住去想那些没答对的题。"

你是否经常忽视积极面而只专注消极面?你对某件事情反复思量,惩罚自己,感觉自己很难享受任何形式的成功,因为你总是太在意你没有做对或没能实现的事情。

下次当你发现自己又在过滤一些事情的时候,提醒自己,这是一个错误的想法。问问自己,你对事情有一个整体的把握吗?还是你只关注了某个恰好消极的细节?你是不是把自己的感觉都建立在对那个细节的感受上了?你能看到什么正面的东西吗?应该确保你对积极和消极的东西都给予了同样的关注。挑战自己,把积极和消极的东西都写下来。

小题大做

"爱人跟我分手了,我将孤独终老。"

"刚刚我被一张纸划破了手指,我会血流不止。"

对于一个已经成为负面的事实,你可曾进行大肆夸大并担心最糟的情况会发生?你把某个负面经历在脑海中建构成比它实际大很多倍的东西。

下次当你发现自己又小题大做时,提醒自己,这是一个错误的想法。要同情自己,承认这是一次不愉快的经历,例如"我男朋友和我分手了,这确实感觉不美好","被纸划破手确实很倒霉",但要接受这些不愉快的事情,因为它们就是生活的一部分。你能控制的是把事情夸大的程度,而不应该让事情变得更加令人不快。如果你发现自己小题大做了,想想自己真正在担心什么,有可能是"前男友让我觉得自己不值得爱"或者"我担心自己伤得太重了"。

问问自己,最坏的结果发生的可能性有多大。挑战自己去思考:万一真的发生了呢?你如何应对?你可以求助于什么人或什么东西?

贴标签

"这个平板电脑我组装不好,我真没用。"

"我考试没通过,我真差劲。"

"一个简单的指令他们都听不明白,他们真无能。"

在完成某项任务的过程中遇到困难时,你是否经常很快就会认为这一定和你的能力有关,然后给自己贴上一个贬低自己的标签呢?当别人做出你不认可的事情时,你是给他们贴标签还是只是觉得他们的行为不尽如人意呢?你总是给自己贴标签,而不觉得是平板电脑的说明书不好,或者不承认考试确实很难,这会对你的自尊带来很大伤害。同样,说别人无能也不会帮助他建立自信。

下次当你发现自己马上就要给自己或其他人贴上标签时,问问自己,我正在给自己的什么行为贴标签?要对自己和他人充满同情，去寻求另一种更具反思性的解释。

"不是我没用，是平板说明书太难看懂了，所以我觉得组装起来很难，这没什么好奇怪的。"

"没错，我考试没通过，但这次考试太难了，我尽力了。"

"他们没按我说的做，或许我应该把自己的想法表达得更清晰一些。"

非黑即白（要么全有要么全无）式的思维方式

"我得当个完美的妈妈，要么无所不能，要么干脆别生。"

"我要么健康饮食，要么狂吃垃圾食品。"

你看待事物的方式是否非黑即白，没有灰色的中间地带？你是不是要么是这样要么就是那样？你是不是要么全都做要么压根什么都不去做？是不是觉得如果有人让你失望一次就一定会有第二次？对你来说，无论是人、地方还是东西，要么好要么坏，不是对就是错？你眼中的别人或情况都是非此即彼的？如果你是这样非黑即白地看待事情，或者说你的思维方式就是要么全有要么全无，你就无法伸开双臂拥抱新的体验，也就扼杀了很多自我成长的可能性。你已经断定某个情况可能如何发展，所以你就不会认真对待了。

下次当你发现自己看问题又是非黑即白时，问问自己是否会错过什么灰色地带。要同情自己的境遇。如果你总是希望自己要么（对于如何当妈妈）全知全能，要么就"干脆不生"，不妨告诉自己，你不可能全知全能，总会有犯错误的时候，那也没关系。

"本该"如何如何，"要是"如何如何

"我本该_____就能得到那份工作了。"

"我本该把她叫回来的，要是真那么做了，现在我们应该还是好朋友。"

你可曾为一些本该做而没有做的事情后悔？在一些事情发生后，你告诉自己，假设你当时做了"你本该做的"，也许事情的结果会完全不同，而且更如你所愿。你反复思考"本该"如何如何，"要是"如何如何就好了，于是你陷入一种循环，你愤怒，自我厌恶或为自己的处境感到内疚。结果呢？没有达到任何有益的效果。

下次当你发现自己又在反思"本该"或"要是"如何如何时，请停止这种想法。提醒自己，这是一个错误的想法。你无法知道你在脑海中反复假设的场景是否真的会实现，而你总想说服自己它会实现，在这个过程中折磨自己。无论结果让人有多难受，你都应该接受它并努力思考如何继续前行。下次再遇到类似事情的话，你是不是可以采取主动的措施，做点什么来避免不如意的结果再次发生？

妄自菲薄

"这没什么了不起的。"

"没什么好骄傲的,我做对的题都很简单。"

你可曾认为自己的成就不值一提?你是不是总是妄自菲薄,永远无法真正享受成功?妄自菲薄和妄自夸大经常相伴相随,你经常夸大并反复思量某种情况的负面影响,可能产生的任何积极因素到了你这里却总是打折或缩水。

下次当你觉得自己的成绩不值一提时,别再这么想了。提醒自己,这是一个错误的想法。问问自己是不是更重视消极的东西。挑战自己,把事情积极的方面写下来,更重要的是要庆祝自己的成功,学会祝贺自己。

"他们是对的,我的确功不可没。"

"没错,我确实做错了一些题,但是大部分我都做对了。"

庆祝自己这样的成功有助于增强你的自信和自尊,激励你继续前进。

基于感觉给自己下结论

"我感觉自己很胖,所以我一定很胖。"

"我感觉自己很蠢,所以我就是很蠢。"

你是不是总想强调自己的某种情感,把它变成你的身份标签?你感觉自己是这样,所以你就是这样。你都已经感觉到了,所以肯定是真的。就这样你让一些一开始就几乎没来由的东西影响了你的所思所感和所作所为。比如说你会穿上肥大的衣服,拒绝参加社交活动,因为你觉得自己很胖,并且对此深信不疑。大家在晚宴上辩论时你也不敢高谈阔论，因为你觉得自己很蠢，并且对此深信不疑。

下次当你发现自己又在根据自己的感觉对自己下结论时，提醒自己，这是一个错误的想法。你要同情自己，告诉自己"你的某种感觉并不一定是对的，这种感觉也无法定义你"。感觉就是感觉，不是事实。

问问自己

请使用以下工具来帮助自己改变自己的错误想法。

选出你认为自己现在有的错误想法：

我在算命型思考	☐	我在贴标签	☐
我在泛化推理	☐	我在非黑即白（要么全有要么全无）地思考问题	☐
我在使用读心术	☐		
我在针对自己	☐	我在说"本该"如何、"要是"如何	☐
我妄下结论	☐	我妄自菲薄	☐
我有所过滤	☐	我基于感觉给自己下结论	☐
我小题大做	☐		

你有证据证明这个想法是正确的吗?
_____
_____

有什么证据表明你可能错了?
_____
_____

这个想法是基于你的观点还是基于你知道的事实?
_____
_____

继续这么想会导致你怎么做?
_____
_____

如果朋友跟你分享这些想法,你会对他说什么?
_____
_____

这个想法可以换个方式来理解吗?
_____
_____

换个方式来理解这个想法的话,你会有什么不同的举动?
_____
_____

直接说"不"

你可曾因为没心情就想放弃某次健身？在患上感冒卧床养病的时候，你会不会请病假？在某些情况下，直接说"不"会让你感到更舒服，但有时候，你却忽略了自己已经精疲力竭，总想继续坚持下去。现如今无论在家里还是在职场，人们都倍感压力，忙忙碌碌到几近垮掉，却还以为自己获得了不起的荣誉勋章。但代价是什么呢？在此过程中把自己忙得半死真的值得吗？

为什么你是个害怕说"不"的人呢？对我个人而言，在我说"不"时，我的想法是**"我对这事没有帮助""我很自私"**或**"我不在乎"**。

对于许多人来说，说"行"远没有那么复杂，虽然有时这是以牺牲自己的偏好或快乐为代价。

"行，晚上出去玩算我一个。"——虽然这意味着我牺牲了几个月来换来一个可以独处的夜晚。

"行，那个项目交给我。"——虽然我还在忙着你刚刚交给我的一个项目。

"行，我跟你去约会。"——因为我不想显得不好相处。

说"行"意味着得到别人的接受和认可，意味着不让任何人失望。然而,当你真正想说的是"不"时,说"行"可能反而会滋生怨恨。这会让你感到无法承受,也会对你的心理健康产生负面影响。这里我绝不是公开邀请你对所有机会或请求说"不",相反,我希望你更看重你自己,更重视自己的时间和快乐。至少你可以说"让我考虑一下"。

问问自己

假设你正在为一个即将到来的假期做准备。你已经决定了要去哪儿,定好了日子,交通工具和住宿也都安排好了。你十分清楚自己要跟谁去度假,要离开多少天。选择这个目的地是出于一些特定的原因,比如那里风景优美、天气宜人、活动有趣、文化独特、食物美味,等等,再加上你预订的旅行套餐里有很多额外的优惠项目。假设你到了机场,航班即将起飞,你走向登机口,却有人拦住你,对你说:

"你一定要去(另一个目的地)。"

你会说什么?

_____

_____

再假设另一种情况。你和爱人决定更随性一些,你们带着适用于一个周末的行李在机场见面。你们还没决定去哪，但希望在浏览离港航班列表时会灵光一闪，临时确定一个两人都想去的地方。这时，同样还是那个人走近你，对你说：

"你一定要去（某个目的地）。"

现在你会说什么？

_____

_____

我猜你两次的答案可能会不同，但为什么会这样呢？

在第一种情况下，你清楚自己的目标——**"我想去（心仪的度假目的地）"**，你已经做好了心理准备——**"我迫不及待要待在那片海滩上（那座山上）了"**，并且你也已经做好了实际的准备，打包了泳装（或滑雪服）。你已经预订了某趟航班，住宿也预定好了，你即将搭乘那趟航班，尽情享受这个假期。因为你很清楚自己的目标，做好了准备，也知道最终目的地，所以对那个人说"不"感觉更容易，你可以毫不犹豫地说"不"。

然而在第二种情况下，你没有上述的确定性，你只知道自己会去度假，但不确定想去哪里或者为什么，所以你很容易被人说动，就算对那个人的提议感到有点担心，你还是很有可能说"行"。

虽然说"行"可能会让你一开始感觉很兴奋，但之后的情况很可能又变得完全不同——本来想度假休息一下，你可能根本没法放松：住宿很差，也可能你带的衣服不合适。所有这些都足以让你对那个让你说"行"的人恨得咬牙切齿。

这个练习表明，生活中你想要得到什么，你的朋友和恋人对你而言意味着什么，你自己心里一定要清楚。只有这样，在你质疑这些东西或另一个经验或机会出现的时候，你就可以认真考虑它是否对你真的很重要，如果不重要，你就应该自信地表达出来：**"不，我不会乘坐那趟航班，因为我迫不及待要去度假的地方阳光明媚。"**

孰轻孰重何时说"不"

滋生怨恨

你有没有觉得，自己在很多时候都被逼到了一个别无选择只能说"行"的境地？到头来你只会怨恨那个对你提出无理要求的人，无论那个人是在你想早睡时拉你出去玩到大半夜，还是在你连自己工作都做不完时让你帮他分担工作。

你一定要记住，别人问你能否去做某件事时，他们实际上给了你一个选择的机会。"你能这么做还是那么做？"和"必须这么做"是完全不同的两回事。

戴夫的故事

戴夫在一家活动策划公司工作，年底节庆季是他们一年中最忙的时候。他最近无时无刻不在工作，没办法，这是他工作的性质。这使他格外珍惜难得的休息时间，而最近，休息时间少得简直微乎其微。

戴夫终于等来了难得的假期，哥们儿也瞅准机会，来问他是否想一起出去"玩一个晚上，就像过去一样"。而对于戴夫来说，没有比这更糟糕的提议了。可是朋友却死缠烂打，"求你了，哥们儿多久没好好聚聚了？""你一定得来"。戴夫感觉骑虎难下，他内心特别想说"不"，但是他觉得如果他不去的话，会"让朋友失望"，显得"不够哥们"。

我试着帮戴夫思考，在目前、下周和明年这三个时间点上，从他个人、社交和工作的三个方面来看，什么对他才是至关重要的。

戴夫（Dave）的重要事项一览表

个人目标

目前：快乐：做一些让自己快乐的事情，比如懒洋洋地躺在沙发上看剧、健身。

下周：与恋人见面，学跳舞。

明年：结婚，当爸爸，可以有一份兼职工作。

社交目标

目前：诚实守信，开诚布公，朋友之间相互信任，避免彻夜狂欢。

下周：在完成工作任务的前提下跟朋友聚会。

明年：组织一次哥们之间不带女伴的聚会。

工作目标

目前：熬过年底繁忙的节庆活动旺季。

下周：准备好下一年的计划。

明年：希望能升职。

目前，戴夫的重点是熬过年底繁忙的节庆活动旺季，确保把工作中即将到来的策划组织活动都完成得很漂亮（**工作；目前**）。

他同时也意识到休息时间也同样重要，他希望能有机会看会儿电视剧或在健身房挥汗如雨（**个人；目前**）。

在社交方面，他觉得跟一帮自己特别信任的能够开诚布公的朋友在一起很重要（**社交；目前**）。

跟朋友出去玩**目前**并不能帮助戴夫实现目标。既然希望朋友间诚实守信开诚布公，他就把自己的压力和感受告诉了朋友，说出去聚会是他最不想做的事。因为戴夫已经很清楚自己生活各个方面想要实现的目标（那些对他来说很重要的事情），所以他可以很自信地说"不"，而且说得更有底气。这样他就释怀了,而不是让自己被内疚耗得憔悴。

◆ 五感挑战 ◆

重要事项一览表

在目前、下周和明年这三个时间点上,从你个人、社交和工作的三个方面来看,什么对你来说是至关重要的?

我们通常说"行"是因为对自己的旅程不确定,所以更容易随便登上一趟出港航班,希望它能把我们带到一个还比较像样的地方。

一旦确定了什么对你来说才是至关重要的,你所有认可的事情都应该让你更接近那个方向。

问问自己,那个人要求我做的事情能让我更接近一览表上的重要事项吗?如果答案是"不能"的,那么仔细想想,是什么原因使你觉得只能说"行",至少你应该有信心说**"我考虑一下"**。

个人目标	社交目标	工作目标
目前	目前	目前

续表

个人目标	社交目标	工作目标
下周	下周	下周
明年	明年	明年

一定要注意，可能有时候，别人要求我们做的事情其实我们很想说"不"，比如去一趟单位或主持一个会议，但应该知道从长远来看，这样做有可能帮助我们实现一些远期的目标。

◆ 五感挑战 ◆

说"不"的对照检查表

下次别人要求你做什么时，请浏览以下问题。

◎这是我重要事项一览表上的事情吗？是 / 否

◎我想这样做吗？是 / 否

◎我有时间这么做吗？是/否

如果以上问题的答案都是"否"，那么就要大胆而礼貌地拒绝。

避免进行过于复杂的解释或是卑躬屈膝的道歉，这样做可能会加重你因为"让人失望"而产生的内疚。

实话实说。如果你有别的事情要做，告诉对方，他要求你做的事情很可能与别的事情冲突了。

为了避免他人重复对你提出要求，告诉那个人，当你这边情况发生变化，可以接受他的要求的时候，你会与他联系。这可以把他下次再提同样要求的可能性消灭在萌芽状态。

别人的认可重要吗？

你做事情是否总想寻求别人的认可？有时是寻求家人和朋友的认可，有时是在工作中希望别人认可自己？别人夸你做得好或夸你所提供的东西很有价值固然是好事，但代价是什么呢？

当你把别人的观点置于自己的观点之上时，你实际上是在说"**我的所作所为好不好、值不值得，需要你来告诉我**"，而这可能会损害一个人的自尊。你是否感觉良好完全取决于**别人**说什么。

重新掌控

与其把自己短暂或长期的感受交给别人来决定，你不如重新掌控这一切。培养自己的自信，你就不会过于看重别人的认可及其对你可能产生的影响。如果确实有人与你意见相左，你就承认意见有分歧，但也并不至于像以前那样让它彻底压倒你。

流沙型自尊和基础牢固的自尊

请看下面的图片。房子代表你的自尊，左边的房子建在流沙床上，沙子代表别人的认可，别人的认可是经常发生变化的。你试图把房子（自尊）建立在坚实的基础上，但由于下面沙质地基的不可预测性和不确定性，房子很难屹立不倒。因此你的自尊很脆弱，随时都会崩溃。

自尊
需要他人认可

自尊
不需要他人认可

右边的房子有坚实的地基。当你对自己的需求和能力有一个清晰的认识时，你的自尊就是这个样子的。你不太依赖或寻求别人的认可，正因为如此，你的基础很牢固，自尊也不那么脆弱。

如果别人不喜欢你所做的事情，原因可能有很多。既然你做的事没给自己或他人造成任何直接的伤害，那问题在哪呢？通常情况下，从别人的不认可中，你应该提取更多关于别人的信息，而不是关于你自己的信息。每个人的早期生活经历都不一样，这些经历会影响我们如何看待未来在生活中遇到的事情。

人与人之间价值观不同，看重的东西也不一样。有些名字你可能不喜欢，因为它会让你想起某个前任。你可能不赞成恋人喝酒，因为你有一个酗酒的家庭成员。在以下的案例中，坎特可能不喜欢詹娜穿另类的衣服，因为当他们在一起的时候，那种着装会吸引别人注意她俩，而坎特对自己的身体形象很不满意。

你所做的任何事情都有可能遭到别人的反对。无论做或不做某事，你都无法控制别人作何反应。在我们寻求外部认可时，开不开心就不是建立在自己的判断上，而是建立在别人对成功的判断上。

詹娜的故事

詹娜和男友坎特在一起好几年了。他们在一起挺开心的，但詹娜觉得每当涉及一些与坎特有关的事情时，她总是如履薄冰。坎特经常开玩笑说第一次见面时詹娜"穿衣服没品位"，现在他们交往好几年了，他还是经常在朋友聚会上提起这件事。一开始詹娜觉得这个玩笑挺有趣，但现在她慢慢开始讨厌自己成为别人的笑柄。

詹娜的着装品位一直以来都比较"另类"。她以前喜欢奇装异服，穿什么都很自信，别人的侧目或说她"怎么又穿成这样"，她都无所谓，就算一起出门前的着装令坎特嗤之以鼻她也不在乎。后来，随着詹娜的衣品开始逐渐保守一些，坎特也转变了态度，似乎非常赞成她这么做。这使得詹娜有了前所未有的失落和不自信，她忽然发现自己不了解自己了。以前穿奇装异服的快乐让位于了现在总是对"坎特会喜欢"的一种"神经质的期待"（Nervous Anticipation）。如果她的衣着坎特喜欢，詹娜会暂时为之振奋，反之她就会无所适从。她都能感觉到自己的自尊心在一点点消退。

　　詹娜成为这种想法的缩影：她需要别人认可和接受才觉得自己有价值。坎特对她着装的认可固然令她暂受鼓舞，但詹娜为此付出的代价却是，她失去了用夸张衣服表达自我认同的能力。如果詹娜一直把自尊建立在坎特的认可上，她就无法认清自己，也无法了解自己的真实能力。坎特说她好看她就好看，说她不好看她就不好看。

　　我帮詹娜明确了一点，在认识坎特并与他确定关系之前，她其实一直都清楚自己是一个什么样的人，喜欢什么，并且有自我表达的自信。她原本的情绪温度应该很不错，是绿色或黄色。但认识坎特后，她发现坎特喜欢对衣着这种鸡毛蒜皮（至少对詹娜来说如此）的小事固执己见。詹娜不喜欢被他评头论足，这让她感觉很不舒服。她特别希望跟坎特站在一起时坎特能以她为荣，所以她开始改变自己的着装风格。

每当坎特不喜欢她的穿着时，詹娜的情绪健康温度就会飙升到橙色甚至红色，反之则是绿色甚至蓝色。她对坎特有所怨念，长此以往她的情绪温度也就居高不下。她过去非常喜欢逛街买衣服，可是现在，每次想买某件衣服时，她都会猜测"坎特喜欢这件吗？"这种感觉令她崩溃。

◆ 五感挑战 ◆

认可游戏

下次当你又想寻求别人的认可或举棋不定时，请你使用下面的认可日志，记下你的想法。

任何事情都可能会引发我们对认可的需要，在这个意义上，没有什么微不足道的小事。它可以是爱人是否喜欢你的新衣服，也可以是你是否要去争取工作中的晋升机会。

需要做的决定；我想做什么	需要他人认可	需要谁的认可	如果没有得到认可	如果得到认可	从长远看，会让我感觉如何
要与恋人的家人初次见面。穿上某件衣服，问恋人他的家人会不会喜欢	需要人帮我决定，比如说这件衣服是否合适	恋人，以及他的家人	我会不那么自信。这件衣服如果恋人不喜欢的话，他的家人也不会喜欢，这样也许他们也不会喜欢我	我会暂时很开心。如果恋人喜欢这件衣服，他的家人也一定会喜欢的	不满。他们为什么不能让我想穿什么就穿什么

首先最重要的一点是，明确你自己想做什么。这听起来是不是有点像一个遥远陌生的概念？

想想：为什么你需要寻求认可？寻求谁的认可？

如果你没有得到认可会怎样？如果得到认可了呢？

从长远来看，持续需要他们认可会让你感觉如何？

◆ 五感挑战 ◆

重获掌控

想想你每周做的事情,列在以下个人、社交、工作三个分类当中。

记录你做每件事情的情绪健康温度。用批判的眼光,确定你是为自己还是为别人来做这件事情(为自己/为别人,请二选一)。

个人: 自我护理保养、美容、饮食、健身、什么时间上床睡觉、兴趣和爱好。

◎为自己/为别人……

◎为自己/为别人……

◎为自己/为别人……

社交: 和谁出去玩、恋爱关系、去哪吃东西或喝东西。

◎为自己/为别人……

◎为自己/为别人……

◎为自己/为别人……

工作: 你所从事的工作、加班、晋升、接受另一项工作任务。

◎为自己/为别人……

◎为自己/为别人……

对于你经常标为红色的事情，看看其情况是否与你的重要事项一览表一致。

你可能不喜欢下周加班，但你知道只有下周加班才能存够钱，明年去办婚礼和度蜜月。

如果标为红色的事情对你没用，想想是否可以索性不做。想一想，除了用来获得别人认可，做这件事的目的还有什么？

开始逐步淘汰这些事情。如果有几种类型的事情都被标红了，你可以一次淘汰一种类型。如果这件事你每天都做，你可以慢慢降低做此事的频率，而不是戛然而止。你可以把它降到一周六次，然后是五次，慢慢来。一开始可能会比较难以实行，尤其是那些为了让别人开心而做的事情。但随着时间的推移，你会感到逐渐被解放，因为你一天的情绪健康温度降下来了，难以应付的事情也变少了。

听见赞美

老板夸你工作做得很好时，你是否发现自己接受表扬有点困难？别人夸你的新上衣好看时，你会感到害羞吗？你是不是通常以这些自嘲的方式回应：

"这不值一提，我只是做了该做的。""谢谢夸奖。我打折时买的。""这件旧衣服吗？"

人们对于直接接受表扬总是感到不安。"如果我附和说我的上衣漂亮，他们会不会觉得我很傲慢？""如果接受老板的表扬，他会不会担心我骄傲自满？"

对别人积极的赞美给予同样的关注，从而毫无歉意地接受赞美，我们怎样才能做到这一点呢？

杰玛的故事

杰玛是一名私人教练，她整天都穿着莱卡健身服。她的工作内容就是给一个个客户上课，与朋友见面只能穿插其间。这样一来，单独带一套衣服在回家路上穿似乎也没什么意义。杰玛不习惯别人夸她的健身服好看，说到底健身服只是很实用，而且基本上相当于她的工作制服。每到周末，早晨健身完毕洗完澡后，她格外喜欢穿上衣柜里另一种风格的衣服，并尝试不同的妆容。杰玛知道，对很多人来说，莱卡健身服就是她的身份象征，所以别人如果看见她穿着其他类型的衣服，就像看到一个医生穿着"平时的衣服"——颇有点像见到外星人的感觉。

今天下午杰玛要跟朋友去参加一个预祝宝宝出生的派对，她随便穿上了一件碎花茶歇连衣裙、皮夹克和机车靴。

看到杰玛出现，一个朋友尖叫着赞叹："杰玛，你简直太漂亮了！"

"我睡懒觉起晚了，所以没时间打扮，就随便穿成这样了，一点也不好看。"她试图对这个恭维一笑置之。

另一个朋友也说："我喜欢这条裙子。"

"这条裙子呀，我上周午休时随便买的打折款。说实话我也不知道好不好看，还行吧。"

杰玛尴尬地整理了一下裙子的下摆，然后跟朋友们走到桌前，她们即将生孩子的朋友就坐在桌旁。

杰玛告诉我，她觉得接受这样的赞美很困难。她担心的问题是，别人都会觉得她浑身都是肌肉，穿裙子不好看。我和杰玛分析了她对朋友赞美的回应方式，得出的结论是，她给自己的外表找借口，说自己"刚刚起床"和"买的打折款"，这意味着她在别人打断或评价她的外表之前就"占据了先机"，尽管杰玛没有任何证据证明朋友们会来打断或评价。

我们分析了杰玛收到的赞美——"你简直太漂亮了"以及"裙子很赞"。她觉得朋友这么说只是为了说点漂亮话,她们也许并不觉得裙子有多好看。

我帮杰玛反思,是不是自卑导致她拒绝听到或接受别人的赞美,更重要的是,她根本不相信别人的赞美是由衷的。

"如果我认为自己看起来不怎么样,那么别人也一定是这么看我的。"——这是典型的非黑即白思维。

杰玛总是自嘲,这说明她从未发自内心地欣赏自己某方面,也从未反思过她对自己是多么妄自菲薄。她承认自己更容易接受失败或批评,而不是赞美。我帮她思考,如果她总是内化消极因素抗拒积极因素,长此以往将会发生什么。这么做固然很谦虚,但核心是她在告诉自己,她"不值得这种赞美"。如果长期重复这一观点,这个自我判断就会一直被强化,最终她就会对此坚信不疑。

否定赞美会让"夸奖者"有什么感觉呢?例如,如果爱人每次夸你时你却总说"你不是真的这么想吧"或"这只是句漂亮话吧",到头来你一定会令他什么都不想说了。

这样一来,对方在夸你方面就会缺乏信心,因为每次夸你你都抗拒,对方还得反复说服你真的很不错,这样做不仅累人而且尴尬。后来对方不再夸你,这可能会无意中加剧你的自卑:"他现在都不夸我了,说明我一无是处了。"

> **问问自己**

想想上次有人赞美你的时候，你是怎么回答的？

这些赞美让你有什么感觉？**记录下你的情绪健康温度**。

你的反应会因"夸你的人"不同而有所不同吗？还是不管谁夸你，你的反应都一样？

比起正面评价，你是不是更容易接受关于你本人或你所取得成绩的负面评价呢？

如果你觉得自己很难接受赞美，你害怕的是什么呢？

◆ 五感挑战 ◆

庆祝小胜利

如果你是一个很难心安理得接受赞美的人，要想能够真正地接受别人的夸奖，你需要从根本上相信你是值得赞美的。对于我们很多人来说，自我批评比自我表扬更自然而然。为了解决这个问题，我提倡大家每天庆祝自己的小胜利。

承认自己做得很好，不仅有助于增强一个人的自信，而且是一个很好的激励工具，能鞭策你继续努力去实现个人目标和职业目标。

每天留出 5~10 分钟来庆祝你这一天的小胜利。一开始这样做，你可能会感觉有点费劲，但通过练习会越来越容易。你可以使用以下句式：

◎我为自己感到骄傲，因为……

◎我完成了……

◎我帮别人……

把"庆祝小胜利"这件事情在手机或日程安排上设置提醒，用对待见面或会议的态度，认真对待这件事情。

理解自己对赞美的反应。

对于你在某一天内收到的所有赞美，把你对赞美的回应记录下来，对号入座。

| 反应 | 忽略/转换话题 | 一笑置之 | "谢谢" | 夸奖对方 | 转换话题 | 否认/对自己轻描淡写 |

接下来，把你对赞美做这种回应的理由写下来。是什么让你害怕接受赞美？为什么你害怕赞美？

害怕：	自高自大	骄傲自满	不是这样的，他们只是在说漂亮话	对方有所图	对方想让我也夸他

◆ 五感挑战 ◆

赞美的梯子

如果你很难接受赞美，这个练习会让你直面心里害怕的东西，帮助你在接受赞美时感到更舒服自在。

重复梯子上的每一步，直到你的情绪健康温度变为蓝色或绿色，然后再继续进行下一步。

如果你在某种情况（或某一步）停留的时间足够长，你的焦虑水平就会下降。这在心理学上可以用习惯理论（Habituation Theory）进行解释，因为持续将自己暴露在恐惧的刺激对面自然会减少恐惧反应。有些人认为，反复面对刺激能够改变它对一个人的影响；你越熟悉它，越不觉得它构成威胁。

为了确保自己在每一步都取得了理想的效果，务必在每一种情况停留足够长的时间，直到你的焦虑程度降低。

练习，练习，再练习。每一步重复的次数越多，你就越容易习惯它。

抑制自己想要跳级的冲动。例如，如果第一步的情绪健康温度还是红色或橙色，那就不要跳到第二步，因为你会被迫口头接受赞美。跳级可能会导致失败，因为你可能会无法承受那种焦虑，然后退回到原来的位置。你想避开令你害怕的情况，到头来却加剧和强化了自己的焦虑。

第一步： 抑制忽视赞美或改变话题的冲动。微笑或点头，表明你已经听到了赞美。

第二步： 说点什么，哪怕是一个简单的"谢谢"，表明你听到了赞美。

第三步： 与那个人分享你听到赞美时的感受。"谢谢，我很高兴你喜欢"或者"谢谢，你让我很开心"。

第四步： 给予对方赞美。"谢谢，我确实努力了。你的付出真的很有帮助。"

每周反思一下你在赞美梯子上的位置。随着你慢慢升级，想想学习接受赞美让你有了什么想法、感受和行动。我保证几周后你就会倍感自信，站得越来越高，甚至发现你会不时地赞美自己。

> 把"在赞美的梯子上练习"这件事情在手机或日程安排上设置提醒,用对待见面或会议的态度,认真对待这件事情。

艾迪的故事

艾迪是某个国家级报纸的专栏作家。她在这个岗位工作五年了,特别想晋升为高级编辑。她很喜欢这份工作,但是她特别害怕每次稿子交上去送审的时刻,怕换来审稿人大段的"红笔评语"。

一个审稿人写道:"这篇文章的整体方向不错,但我觉得这个人的经历你似乎分享得不够多。"

另一个审稿人的评语是:"开头很棒,但能写清楚调查对象对你所写的东西有何看法吗?"

艾迪感到十分挫败,她忽略了"开头很棒"这样的正面评价,只苦恼于后面的批评意见。艾迪也不太擅长应对别人的批评意见。她通读了自己写的那篇文章,不在报界工作的爱人觉得她写得很好,提交前给几个朋友看,他们也都说文章不错,所以她不太明白上司为什么不喜欢。

她觉得这主要是上司的问题,并不是她文章的问题,所以她没怎么修改就把文章重新提交了一遍。

然后上司回复她："之前给你的意见，你对文章做相应修改了吗？"

我让艾迪思考，她的上司想表达的是什么？

"她觉得我不够优秀""她觉得我不可理喻""她觉得我不知道怎么写文章"。这些都是艾迪防御性的答案。

我让艾迪再想想，这些答案与事实相符吗？艾迪说，因为她交上去的文章总是收到很多"红笔评语"，只要有这样的评语，就说明上司觉得她写得不好。

我问艾迪把文章不加修改就重新提交给上司时的心态，她说她当时很生气，情绪健康温度是红色。

我让艾迪再想想，上司为什么要"批评"她写的文章？她思考了一会儿，然后说："因为她希望报纸卖得好""因为她希望文章是真的好""为了维护报纸的声誉"。

我问艾迪，写这篇文章并且"把它写好"对她来说为什么很重要？

"因为我希望写出一篇好文章""因为我想当一个实至名归的好记者"，她又补充说，"我希望业绩突出，早日晋升为高级编辑。"

我们经过思考发现，从根本上来说，艾迪和上司的目标是一致的。

一旦认识到这一点，艾迪就明白这些批评意见可以帮她实现自己的目标了。

直面批评

对批评的反应

如果你是一个接受负面反馈或批评比较困难的人，别人的批评可能会让你有以下反应：

◎别人对你说的话让你不高兴。
◎你可能会认为这些批评是"真的"。
◎你可能会生气。
◎你可能会进入防御状态，封闭自己。

理解批评

虽然老板对她的作品不是百分之百满意，这让艾迪很不高兴，但一旦平静下来，她明白了，最初那条"多分享一些这个人的经历"的批评是合理的，这也帮了她，让她知道接下来应该如何改进。

然而，如果在重新提交了未经修改的文章后，艾迪的上司回复说"你不可理喻"或是"你从来不好好接受我的建议",那么这样的反馈就没什么帮助了。在这种情况下,上司的批评就等于给艾迪本人贴上了问题标签,而不是针对她不修改就提交的行为。这样做还犯了泛化推理的错误,说艾迪总是无视别人的建议,但情况可能并非如此。

> **问问自己**
>
> 你对批评做何反应?
>
> _____
>
> 下次别人批评你时,问问你自己:谁在批评你?朋友?家人?同事?还是网络喷子?
>
> _____
>
> 退后一步客观看这个问题,想想:为什么这个人要批评你?
>
> _____
>
> 想想你和他有无共同目标。
>
> _____

批评你的人对于你如何改进是否提出了建设性的意见?

批评你的人是否把你的行为标签化地贴在了你本人身上?

你觉得批评你的人想表达什么?

这个批评让你感觉如何?记录下你的情绪健康温度。

最为重要的是,你接下来如何行动?

处理批评

如果你判定某个冒犯性的批评不是"建设性的批评",那就无视这个批评。告诉自己,这种批评除了伤害你之外别无他益。批评者并没有给你提供从批评中成长或发展的机会。在这种情况下,批评可能与你本人并没有什么关系,而是与批评者本人有很大关系。想想你有没有某天特别不顺,然后迁怒于自己最亲近的家人或办公室同事的情况?所以,你之所以被批评,可能仅仅因为某人心情不好、收到坏消息或他自己的不安全感,让你一靠近就成了出气筒、替罪羊。这确实不公平,但它能让你想到,你之所以遭遇不公平的批评或挑衅,可能有另一种可能性。这无疑是一种安慰。当然这并不是说,别人的每一个批评都怪他让自己的坏情绪随便殃及无辜,这样做会导致我们看不到自己的问题从而无法自我改进,我的意思是,要记住,当你遭遇无缘无故毫无益处的批评时,有可能并不是你的问题。

如果你判定某个批评对你是有帮助的,那么给自己时间来消化它、处理它,不要反应过于迅速。让你的情绪健康温度冷却下来。这样当你做出反应时,就不会那么头脑发热,也就能够更好地接受别人的批评建议。

• 五感挑战 •

回赠批评

虽然成为被批评的对象可能让人不舒服，但有时要成为"批评者"也同样具有挑战性。某人对你做出批评的反应可能会让你感到内疚；如果他们开启防御模式，可能导致你来收拾工作的烂摊子，这样你会非常生气；如果你为朋友或爱人提供了有建设性的批评意见，却令你们的关系岌岌可危，你就会感到沮丧难过。

你给别人的批评意见，对方通常接受度怎么样？这因人而异吗？你对提供批评意见这种做法的感觉如何？

如果你发现自己这方面的经验大部分都是负面的，那么你有必要评估一下自己使用的方法。深思熟虑地给出批评建议，可以让整件事情没那么大压力，还能保护你和对方的情绪健康，确保你们的良好关系不受影响。

给出批评建议的五个步骤：

第一步：及时。确保你提供的批评意见尽可能接近那个值得"批评"的点，不及时的话会让不良情绪积累起来。我丈夫总喜欢把脏衣服扔在卧室地板上，这让我很生气，但我不会坐在那里患得患失，而是选择什么时候看见就什么时候向他指出这个问题。

第二步：不要贴标签。要确保你在提出批评时，是给某人的行为贴上标签，而不是给他本人贴标签。虽然我很想称丈夫为邋遢鬼，但我必须抑制住这种冲动。我不能给他本人贴标签，而应该给他的行为贴标签，并清楚表明我不喜欢的地方。我会说："我希望你能把脏衣服捡起来，别扔在卧室地板上。"

第三步：说感受。告诉他，他所做的事情给你什么感受。"跟在后面给你捡脏衣服太累了。"

第四步：寻求改变。用一种平静、清晰的方式表达你希望看到的变化。一定要表达得具体，而不要说希望丈夫"更体贴"。我需要清楚表达希望对方以什么方式改变并且结合当时的具体情况。比如我会说："每次脱衣服的时候，你能不能把脏衣服放到脏衣篮里，而不是扔到地上。"

第五步：倾听并向前推进。倾听对方的回应，如果他说你怎么做会对他接下来的改变更有帮助，你就照做。

下次在你必须给别人提供反馈意见时，请按照这五个步骤进行。他们是如何回应你的批评的？比你预期的要好吗？

提供反馈意见是人际沟通的重要内容，也是个很多人在努力学习的问题。有时你可能会发现，别人的一些不当行为特别影响你的情绪健康。如果你批评他，会发生什么呢？你可能会说：

◎ "要是我让他把脏衣服从地上捡起来，他会觉得我是个唠叨鬼，他会离开我的。"

◎ "要是我说她那件裙子太紧了，她会觉得我嫌她胖。"

◎ "要是我跟他说上周是我帮他买的咖啡，他会觉得我不知感激。"

如果压抑自己对别人不提批评意见，你会对自己所处的情境或人际关系产生负面感受。你可能会有怨恨（每次我看到扔满脏衣服的地板时都恨得牙痒痒）、内疚（她问过我是否应该买大一码的衣服，我应该说"是"的）或者愤怒（办公室里还有 20 个实习生，为什么不让他们去买咖啡？）

人们有一种误解，认为反馈意见总是负面的，但实际上反馈意见给了所有人成长和自我发展的机会。给人提反馈意见还有益于人与人之间的沟通和信任，对你在社交场合和工作场合与别人的交往也是有利的。

五感情绪锻炼
十周改善你的心理健康

第三章
嗅觉
CHAPTER3

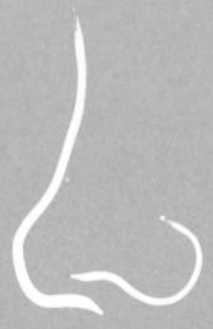

吸气：正念与冥想

早期研究表明，正念和冥想有助于减轻压力，缓解人的低落情绪，使人不那么咄咄逼人也不那么焦虑，帮助提高健康成年人的生活质量。这样做还能使人对待生活的态度更积极，身心更健康。

"正念"和"冥想"这两个术语通常可以互换使用，但是在 Headspace（美国最大的两个正念冥想应用程序之一）上，两者之间的细微差别得到了很好的解释。冥想是一种技能和经验，它指的是培养意识和同情心，也就是在特定的时间内学习观察自己的感受，其间不对自己进行判断。冥想通常被称为"学习正念的训练场"。

而正念是一种生活方式，是指一个人把当下的意识（通过冥想练习感知到的东西）转化为日常生活行为的能力。它可以让一个人从一天中的混乱中退后一步，利用当下创造机会感受自己，并真正专注于自己在某个特定的时刻或情况下正在做的事情。正念非常有助于帮人识别其可能正在经历的负面情绪，还能帮这个人带着同情心处理这些情绪。

虽然有一些应用程序和在线程序可以让人们练习正念和冥想，但从我的个人经验来看，我知道你会前脚在电子设备上被人引导着练习了冥想，后脚退出应用程序后可能又经不住诱惑而去查看电话、短信、电子邮件和社交媒体通知了。如果你在睡觉前借用电子设备来完成冥想或正念活动，这个现象就会尤其严重。

我接下来要分享的练习法并不需要使用电子设备。你可以把正念冥想安排在睡前做，也可以早上一起来就做，或者安排在一天工作结束时，因为每到此时你就惴惴不安，生怕别人要来侵占你的个人时间和空间。

无论你是做下一页的练习，还是我之前讲过的正念练习，还是第 37 页的"五感倒数"，如果你发现某些想法进入大脑，或者有一些不愉快的情绪和感觉，请你暂时承认这些想法和感觉，然后让自己回到练习中。不要因此武断认为"这个方法不好"或这是你做不到的事情。请你记住，冥想和正念练习并不是为了让你摆脱所有的思想和情感，而是为了让你在对自己不加判断的情况下体验这些思想和情感。

◆ 五感挑战 ◆

"随便挑件东西"做呼吸练习

在你的视线范围内随便挑件东西。这个东西是什么形状的？无论它是正方形、矩形、菱形、五边形或六边形，沿着这个东西的每条边吸气，在它的每个顶点呼气，用这样的呼吸练习把这个东西整个绕一遍。

如果你随便挑的东西呈圆形或椭圆形，请把注意力集中在形状的中心。想象一下它像钟面一样被四条直线切成四等份，这四条直线分别从中心到顶部（12点钟位置）、从中心到右边（3点钟位置）、从中心到底部（6点钟位置）以及从中心到左边（9点钟位置）。

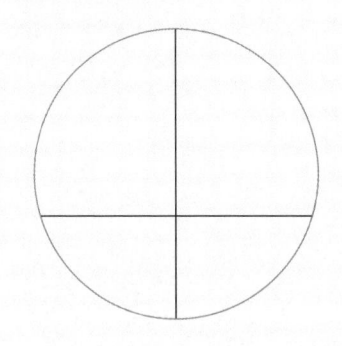

一边吸气，一边让自己的注意力从中心走到12点的位置，屏住呼吸，然后一边呼气一边沿着这条直线回到中心。回到中心时，再吸气，注意力沿着直线走到3点钟的位置，屏住呼吸，然后一边呼气一边沿着这条直线回到中心。

现在还剩两组动作了。

一边吸气，一边让自己的注意力从中心走到6点的位置，屏住呼吸，然后一边呼气一边沿着这条直线回到中心。

　　回到中心时，再吸气，注意力沿着直线走到 9 点钟的位置，屏住呼吸，然后一边呼气一边沿着这条直线回到中心。

户外的美好气息

很多人都低估了运动健身对心理健康的作用。研究表明，体育活动是抑郁症的有效治疗方式，对缓解焦虑和压力相关的精神障碍也有好处。运动还可以提高睡眠质量，缩短睡眠潜伏期，即一个人入睡所需的时间。

目前学界的研究兴趣也开始转向"绿色运动"（即户外运动），大量研究证据也证实了其对心理健康的重要作用，一些研究表明患者的自尊和情绪得到了改善，特别是在靠近水的户外绿色空间。

有规律的运动改善了我许多患者的情绪，提高了他们的信心和自尊心。普通人可以借助运动健身使自己在白天保持专注，在一大早的工作会议上保持神采奕奕，更高效地处理自己一天中需要处理的每件事情。很多人一起运动锻炼也能使我们认识新朋友，拓展社交，加强团队建设和沟通，这些都是可以融入我们日常生活的基本技能。

虽然我们都知道运动健身的这些好处，但有些人总会忽略它们，而只看到健身与健美的关系，也就是健身会让人的外形看起来怎么样。

我过去一直认为健身是必需的活动，有时是为了奖励自己健身完吃点高卡路里的零食，有时健身是我在度假前减肥和保持体重的手段。我以前喜欢给自己设置不切实际的目标，包括我应该多久健身一次或每次燃烧多少卡路里才是"值得"的。这使我养成了一个"全有或全无"的态度，也就是说，如果我没有完成自己在规定时间内的目标，就会觉得自己"计划落空了"，然后索性把剩下的或一周的健身计划一笔勾销。

如果这也是你的日常，这种弱点通常会使你成为商业营销活动或军事化团队健身模式的猎物，其熟悉的修辞特色是，说你"做得不好""旧毛病复发""放任自流"或"需要惩罚自己""你得回到正轨"。我不知道这些术语对你效果怎么样，但它们有时往往适得其反，把运动健身变成了让人恐惧的事情或惩罚工具，让你根本无法享受其中。

我很高兴过去十年间我对健身的态度已经完全改变了。我的生活变得更加忙碌，所以按理来说，我既要做好工作又要当好妻子和妈妈，其间健身似乎很难找到一席之地。我为自己重新定义了什么是健身，弱化了要么一直去健身房要么根本不健身的非黑即白的想法。我20多岁时，觉得锻炼身体只能在健身房，现在呢，和女儿在公园里跑步，或者把车停在最远的车位然后多走一些台阶，对我来说都算有效的健身方式。

我也很清楚自己要健身的原因。随着我年龄的增长，再加上身边有个 5 岁的女儿，她正是所见所闻极易受到别人影响的年龄，我逐渐放弃了那些由别人或别的东西告诉我的健身的理由（外在的理由），而是更关注健身能带给我的感觉（内在的理由）——健身让我更快乐，更有活力。

如果你目光短浅地看待健身，只想着你想要丢掉的东西（比如体重），你就无法得到你想要从中真正获得的东西。

> **问问自己**
>
> 你健身吗？
>
> _____
>
> _____
>
> 多久健身一次？
>
> _____
>
> _____
>
> 你怎么健身？

走路上下班？户外跑步？游泳？每周去几次健身房？

_____

_____

你为什么健身？

_____

_____

_____

◆ 五感挑战 ◆

健身日志

使用下面的日志记录你一周的健身活动。可以是任何形式的健身，比如不坐电梯走楼梯，每周打球或每天做瑜伽。记下健身活动的时间、锻炼类型和你锻炼的原因。

记录下你锻炼前后的情绪健康温度。

你会追踪自己的健身数据吗？如果会，为什么？

是出于健康、好奇还是为了想让自己对什么负责？

把你在锻炼完成后的任何想法记在备注栏。

"我很恼火,因为我对自己鞭策得不够狠。"

或是:

"我做得不够好,不能奖励自己吃纸杯蛋糕。"

日期	锻炼类型	锻炼原因	锻炼前的情绪温度	锻炼后的情绪温度	追踪健身数据吗?是/否	备注

日志记得怎么样了?这个日志让你感到惊讶吗?其中有多大比例是为了在精神上和身体上锻炼自己?有没有纯粹是因为你觉得必须去做的锻炼,你有没有把锻炼作为一种惩罚手段或是为了"挣"得一些东西?

通过有意识地记录自己如何健身、为什么健身,我们可以做出一些有利于自己的选择，而不是为了把自己的外表变成什么样而倍感压力。

问问自己

之前我们谈到，需要清除消极的友谊，也清除那些对我们没好处的任务，同样，是时候对健身锻炼采取同样态度的审查清理了。对于你所标注出来纯粹作为一种惩罚手段的锻炼方式，请你问问自己以下问题：

◎我真的很喜欢这种锻炼吗？是/否

◎如果这个锻炼意味着我不会减掉体重或燃烧掉多少卡路里，我还会这样做吗？是/否

这些问题可能不好回答，但很重要。如果你想与长期锻炼保持一个积极的关系，你就一定要区别，你是把外在原因强加给自己，还是更关注内在的原因以及自身的感受。

如果你把所有锻炼都看作一种惩罚手段，那么请考虑一下，如果不是为了惩罚自己的话，你想用哪种方式锻炼，这种方式很可能是你之前已经不予考虑的某种方式，比如"因

为你觉得这个锻炼无法燃烧足够的卡路里"。

_____

_____

_____

我们总想寻求外部认可，这也是本书各章的一个共同主题，以此为主题也是正确的。但是如果你正是这种情况，就一定要知道，这样做其实是把你的自我认识和感受交给了别人来决定，你其实应该重新掌控这一切。我们都有过想寻求外部认可的时候。你可能在健身课上非常努力，为自己打气并感到自豪，可是当你打开电子追踪设备，却发现运动数据其实不怎么样，于是你垂头丧气。对自己的健身数据进行追踪还可能导致你在健身和饮食之间建立起一种不健康的"交换"关系："如果我吃这个东西，可以通过健身马上消耗掉它"或者"如果我现在健身，过会儿就可以大吃特吃了"。

◆ 五感挑战 ◆

健身合同

换一换。每周用一种愉快的锻炼方式来取代一个惩罚性的锻炼。

想想收益。提醒自己你能从锻炼中得到什么——更专注,更快乐,夜里睡得更香。

你本人注意到了哪些运动带给你的积极变化?

_____

_____

停止追踪健身数据。我们在锻炼之前、其间或之后有何感受,竟然还要依赖他人或物体(比如健身追踪器、电子设备上的卡路里计算器等)来告诉我们,这简直令人难以置信。

如果没能燃烧掉足够的卡路里,就觉得自己没用,情绪低落,十分焦虑。

如果卡路里达标,就兴高采烈,感觉"一切尽在掌握"。

嗅出胡说八道

前几章我们已经讨论过使用社交媒体对人情绪健康的影响。除了大量信息在我们指尖泛滥,这带给我们的挑战还有,我们需要审查可能接触到的不可靠信息和潜在的破坏性信息——那些胡说八道的瞎话。这种东西有时会让你质疑自己生活的各个方面,并让你觉得自己无能。比如面对最新的快速减肥疗法,你可能会怀疑自己良好的饮食习惯和定期锻炼是不是"太慢了"。如果有人不断地在社交媒体上发布秀恩爱的东西,也可能会迫使你反复思量当天早些时候与爱人的争吵,甚至质疑自己与爱人之间的关系。

要有勇气对别人挑三拣四。如果你接到一个推销电话,是不是三言两语就能打发掉那个想把不怎么样的东西卖给你的人?如果是这样的话,你在生活中的其他方面能不能也这样干脆利落?想想你是怎么应对推销电话的。你可能一开始会礼貌地拒绝购买,如果对方坚持或继续游说你,你可能会不留情面地自我防卫,让对方走开。

安东尼娅的故事

又是一个星期一的早晨,安东尼娅向办公室同事宣布,她准备报名参加最新的明星代言奶昔减重计划。"就是这个减重计划,我马上就能穿进去 S 号的衣服了。接下来的 4 个星期,我每天只用喝 3 杯奶昔就好。"

"如果(某明星)用这个办法管用的话,对我也应该管用。"

我问安东尼娅,如果得知她的一个朋友也开始了类似的减肥计划,她会有什么反应。她说可能会有点怀疑朋友能否坚持下来。她也知道这样减肥意味着一开始要花一大笔钱,但她断定自己别无选择。用她自己的话来说,她"懒惰、缺乏意志力"。我帮她思考,她为什么对自己会有这种看法,而她的回答俨然就是该品牌的营销话术。

"你觉得他们为什么说你缺乏意志力?"

"为了让我买他们的奶昔。"

真相大白了。

我很想知道,安东尼娅在生活的其他方面是否也有随时决定购买某些产品的习惯。我问她:"如果你不开车,但是我说你需要一辆车,你会从我这里买车吗?"她很自信地回答说不会。

"如果你会开车,我说你得从我这里买车,你会买吗?"(注意:我不怎么懂车)安东尼娅说她也不会从我这儿买,因为我毫无经验,她要买也会去找汽车经销商。

我们一起思考了两个问题,一是一个产品吸引我们的,往往是许诺能为我们带来什么;二是如果产品的整个话术足够管用,有些人宁可以牺牲健康为代价,也会对专业意见充耳不闻。后来安东尼娅也承认,这些明星其实也没有什么销售产品的专业资质,但是他们光是现身说法就够了,毕竟"如果这个产品对她管用的话,对我也应该管用"。

刚才安东尼娅十分自信地拒绝了从我这里买车,理由是我试图把我几乎不懂的东西卖给她。在以上两种情况下,我和卖减肥产品的人目标一致,都想把东西卖给她,可是为什么结果却迥异呢?

为什么一方面安东尼娅知道要保护自己,只愿从信誉良好的汽车经销商那里获取买车建议,但另一方面却要赌上她的健康和银行存款,从资质不明的人那里购买减肥奶昔套餐呢?

艾莉森的故事

艾莉森正忙于大学期末考试的复习,要复习的东西太多了,令她焦头烂额。她做了一个复习时间表,兢兢业业地认真执行。她的期末复习包括在家复习、在附近咖啡店安营扎寨以及在学校图书馆学到很晚。有一次她在图书馆学习时,朋友凯伦悄悄走过来，没拿复习资料，她还说她"啥也没复习，准备直接挂科了"。

后来艾莉森考试也都通过了，而凯伦考的分数都很高。

所以艾莉森自然要把自己拿来跟凯伦做一番比较，她无法理解，明明她比凯伦更用功，却也只能"低分飘过"。

我问她，有没有人完全不复习也能考出凯伦那么好的成绩，艾莉森说，如果是完全的门外汉，不太可能。因此她免不了要问："凯伦为什么要瞎说呢？"

我们为什么会瞎说？

反思前文中关于虚拟世界和现实生活的例子，无论是我们看到的还是听到的，有一个共同特点就是，我们觉得这个卖东西（可以是产品、想法或信念）的人百分之百是对的，因为他"就是这样说的"。而从根本上说，对你瞎说的人其实是为了自己的利益。在这个意见领袖营销一切的数字时代，付费合作关系和赞助商的透明性让他们的目的再清楚不过了——就是要你的钱。如果不是金钱，那就是他们兜售给你某种信念或理想。

在现实生活中，就像凯伦的例子一样，瞎说可能是出于几个原因。这可能反映了凯伦自身的不安全感。她可能已经花了大量时间用功复习，但出于自我保护而有所保留，"那也没关系，因为她就是想让其他人觉得她没有复习。"

相反，凯伦也可能是在编瞎话，因为她想让别人觉得她"绝顶聪明，完全不用学习"或是"成绩好对她来说小菜一碟"。这是典型的自吹自擂，自我麻醉。

不管凯伦瞎说的原因是什么，艾莉森却仅仅拿凯伦选择性地分享的内容来与自己进行比较。殊不知，凯伦几乎没复习就考了高分，并不是事实。

同样重要的是要记住，胡说八道可能只是一种用来发泄感情的策略。你有没有在被美发师毁了发型后问朋友这个发型怎么样？我就有过。在这种情况下，虽然你和好友可能都知道好友在说瞎话，比如"说实话，挺好的"，但是你们双方都认可这是有益无害的；你也不会揭穿好友（说瞎话的人），因为你作为听到瞎话的人想要的其实是让自己息怒，这样你好，他也好，虽然你们彼此心知肚明其实没那么好。

◆ 五感挑战 ◆

瞎说探测器

下次当你发现别人在对你胡说八道时，通过下面的清单来帮助自己更能以批判的眼光看待整件事情。要精确判断出对方在胡扯，并思考他们胡扯的原因，你就可以保护自己免受其负面影响。

◎谁在瞎说胡扯？

◎他跟你说了些什么？

◎为什么要跟你说这个？

◎他有卖这个东西的相关经验吗？对于那些"好得令人难以置信"的产品或方案尤应注意这一点。

◎你是否凭本能就觉得这东西好得令人难以置信？

◎他的胡说八道让你有什么感觉？

◎他的胡说八道让你想做什么？

◎他的胡扯是惹人烦还是有害（影响你的身体或情绪，或者两者兼有）？

如果瞎说探测器帮你断定你听到的是胡说八道，那就不要相信这个想法、信念或产品。礼貌地拒绝，沉默或走开。告诉自己这是瞎说胡扯，想想为什么某人或产品一定要告诉你这些事情。提醒自己，如果相信这些瞎扯，对你的负面影响是很大的。

成功的美妙气味

你可以为自己设定一些人生目标，有些目标实现起来并不太困难，而有些目标就比较可望而不可即了，有时你会害怕实现不了，会打退堂鼓。比方说你在穿着方面不敢尽情表达自我，怕别人指指点点，因此你感到沮丧。你也可能会对朝九晚五的工作感到无奈，但又担心除此以外你恐怕也难以胜任更高级的工作。

> 在实现人生目标上越是拖拖拉拉，犹豫不决，这些目标对你来说就会越发显得无法实现，可望而不可即。

问问自己

你想在人生中实现哪些个人、职业或社会目标？把这些目标写在下图的山顶上。

_____

_____

目前你觉得你距离这些目标有多远？

目前你在这座山的什么位置？你离山脚还有些远，山顶代表你的目标。把你目前的位置标注为 X。

你的目标有多具体？

用什么方法来表明你达到了目标呢？以我的患者为例，他们可能"想要更自信"，这确实是一个令人钦佩的目标，但是这个目标比较抽象，很难用指标来衡量和判定是否已经实现。

然而，如果你的目标是变得更自信，"穿你之前不可能穿的衣服"就是一个更具象的衡量指标，这样一来，证明自己是否实现了这个目标就相对比较容易了。

◆ 五感挑战 ◆

规划长途跋涉

利用上一页的山，确定目标，开始规划自己通往成功的长途跋涉。

提醒自己，为什么你想要实现这个目标。把这座山的图片放在你时常看得见的地方。这场长途跋涉可能需要几周或几个月，在某些情况下甚至可能需要数年，在此期间你可能会忘记为什么这个目标对你来说很重要。

制订计划。想想你已经有过怎样的经验。在什么时间到来之前需要做什么？需要什么其他工具来帮助自己吗？

沿途为自己设定一个个小目标。每实现一个小目标就庆祝一下，这能帮你不偏离正轨，提高信心，并在你自我怀疑时激励你。

想象一下，如果你决定攀登珠穆朗玛峰，你不会打无准备之仗。为此你得决定什么时间到来之前需要做什么、需要带什么，等等。

你可能已有一些长途跋涉的经验，这对你很有好处。

你很可能已经规划好了路线，并提前想好了如果遇到障碍应该怎么办。

你可能决定进行一系列的徒步旅行练习（迷你徒步旅

行）以增强自己的耐力和信心，时刻激励自己去实现最终目标。

上述所有步骤都能保证你成功完成攀登顶峰的任务，你在生活中为自己设定的目标应该也可以如法实现。

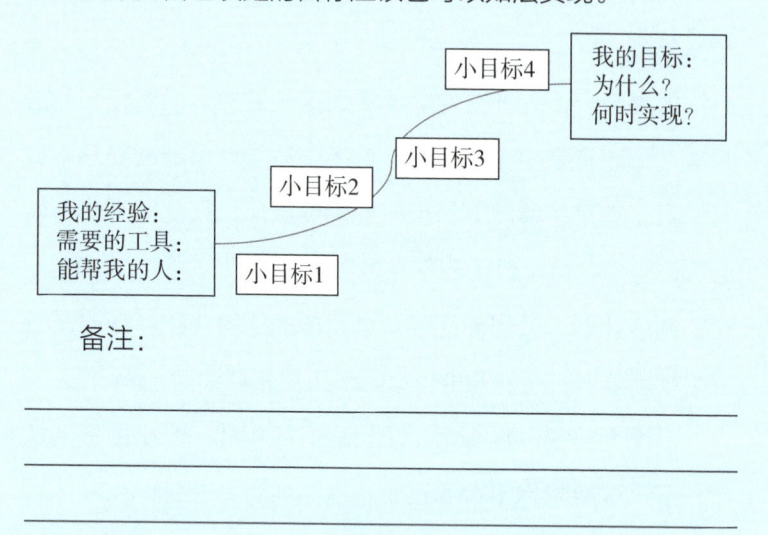

我的经验：
需要的工具：
能帮我的人：

小目标1
小目标2
小目标3
小目标4

我的目标：
为什么？
何时实现？

备注：
_____
_____
_____

安德鲁的故事

安德鲁刚搬到一个新的城市，他和两个刚认识的专业人士合租了一套公寓。每个星期他们三个都会尽量坐下来一起吃一次饭。可是安德鲁发现每次吃饭他很难自如发言，主要是因为那两个室友都算得上是业界大咖。他希望自己在每周室友小聚上能表现得更自信，能够做到畅所欲言，而不是每次都静静地坐着当听众。

安德鲁明确了这一目标，我问他能不能制定一些小目标，这样实现大目标可能会更容易。

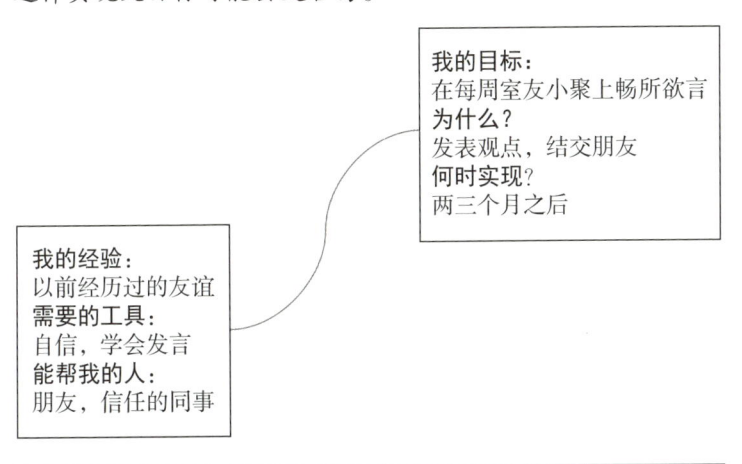

我的目标：
在每周室友小聚上畅所欲言
为什么？
发表观点，结交朋友
何时实现？
两三个月之后

我的经验：
以前经历过的友谊
需要的工具：
自信，学会发言
能帮我的人：
朋友，信任的同事

小目标 1	小目标 2	小目标 3	小目标 4	具体目标
与好朋友在一起时发表观点	通过点头或摇头，而不是通过语言表示同意或反对	一起吃饭时开口提要求或问问题	每周在一起聚会时，对所聊的话题发表意见	每周聚会时，能主动发起聊天话题

让自己从山脚攀登到山顶

如果一上来就面对自己的终极目标，你可能会感到难以做到，没有安全感。比如想让安德鲁在与室友聊天的时候时刻占据主导，这种想法可能一开始就会让他败下阵来。他很可能会十分焦虑，对自己说他办不到，还有可能会完全放弃这次长途跋涉（目标）。

有一点很重要，你为自己设定的每一个小目标，应该或多或少还是会让你感到焦虑（情绪温度为红色或橙色），当然没有终极目标那么可怕，但必须对你产生足够的挑战。每个目标都应该逐渐提高难度，让你离终极目标更近一步。不要把小目标定得太高，尤其是第一个小目标。如果第一个障碍都要拼尽全力才能跨过去，那么只会阻碍你实现最终目标，因为你会反复对自己说"我做不到""我每次做得都很费劲"。相反，每次至少取得一个成就的话，对你来说就是精神上的莫大鼓励，它能激励你继续去实现下一个小目标。

> **在进行下一个小目标之前，确保你在前一个目标上多重复几次，直到情绪健康温度降为蓝色或绿色。**

这样做可以让你适应焦虑的状态，只要把自己反复暴露在焦虑之下，它对你的负面影响就会减弱。

目标回顾

每周回顾一下自己的目标:

目前为实现这个小目标的努力让你有什么感觉?

_____

_____

这周你为实现这个小目标努力了几次?

_____

_____

如果你的情绪健康温度还是红色,请思考一下你所面临的挑战是什么。

_____

_____

你认为在接下来的一周里,为了实现这个小目标并开始下一个目标,哪个问题比较重要?

_____

_____

你的这些目标现实吗？还需要把它们进一步分解成更容易实现的小目标吗？

_____

_____

_____

答应自己会再次努力去实现这个目标。

给自己定下日期和时间来重复小目标或目标。

确保一定要在七天内完成，这样你就可以每周回顾自己的进步。

记住，在实现人生目标上越是拖拖拉拉，犹豫不决，这些目标对你来说就会越发显得无法实现，可望而不可即，然后你就会继续回避或害怕这些目标。

不要跳过某个小目标，或是"完全不管"这些小目标，即使你十分有信心这样去做。还记得你小时候，为了上楼梯更快，一次会跨好几级台阶吗？我小时候这样就经常被责骂——小心，不然会摔倒的。现在这个原则同样适用：如果在小目标之间跳得太快，你就很有可能会摔倒，从而失去重新挑战目标的信心。如果你慢慢来，就更有可能安然无恙地走上楼梯到达楼上。

◆ 五感挑战 ◆

可怕事项清单

你是不是和我一样,经常被不断变长的待办事项清单压得喘不过气来,这些事情似乎永远做不完。你没有把宝贵的时间花在处理这些事情上,而是拖拖拉拉,或是担心自己永远无法完成这些事情。又过了一天,又过了一周,你没有任何进展。与此同时,你堆积了越来越多需要做的事情,越来越感到不堪重负。如何让自己的待办事项清单越来越短,进而减轻你承受的心理压力呢?

在每周开始的时候,把你需要做的事情列一个清单。

在清单上的每一个条目旁边,标注何时需要完成,截止日期是哪一天。

为什么应该在那个时间之前完成?例如,如果我不在(某个日期)之前支付账单,就会被罚款。

根据截止日期把清单进行排序,顶部是需要尽快做的事情,底部是不着急做的事情,不一定有最后期限,然后把清单转写到下一页的表格中。

规定每个任务需要多长时间,以及哪天你会留出时间专门来做这件事。你可能会发现,如果某个项目正在进行,比如写论文,你可能会在清单上让自己每天都写论文,但实际上你每天只可能写半天论文。

不要把所有的紧急而迫切的任务都放在一天完成，在不耽误最后期限的条件下，尽量把它们分散在一周内完成。

当你只关注那些需要完成但往往是最费时最复杂的事情时，你往往会因为没有抓紧时间完成而感到沮丧。你拖拖拉拉，让这些事情长时间占据你的注意力，直到你达到饱和点。这样一来你可能永远不会抽出时间去处理那些更简单的事情，这些事情其实不太费力，也不会花你很长时间，但到头来它们还是越堆越多。

不要一天处理超过五个待办事项。

每天早晨，写下今天的五个待办事项。

放在你能看见的地方。

在一天结束的时候，勾选你已经成功完成的任务。

还有什么任务没有完成需要推到第二天吗？你也可以浏览一下一周的日程安排，看看能否把这件事情安排在接下来某天，或者在不耽误最后期限的条件下，把这件事情推迟到下一周。

待办事项	多长时间	日期	哪天完成

熏香、睡眠与保健

你们可能都听说过"保健"这个词，但它到底是什么意思，良好的保健包括什么呢？关于这一点，没有标准答案，不同人采用的保健方式也不尽相同。不管怎样，保健是指你自己有意地关照自己的精神和身体健康，其方法不拘一格，可以是我们在前两章提到的正念和健身，也可以是燃烛熏香、泡个澡、烘焙或者户外运动。

如果你的生活越来越忙，那么你就很容易忘记要抽出时间做自我保健。如果你和我一样，一旦真的停下来为自己做一些事情时，就会感到一股巨大的罪恶感，那是因为你只擅长一件件地去处理待办事项列表上的事情。

自我保健并不复杂，也不应该很复杂。你目前在这本书中读到的大部分内容，其实都是自我保健，从给自己规定社交媒体使用禁令，到倾听你内心说的"不"，再到健身锻炼。自我保健不应该是马后炮性质的，不应该安排在你把一切都照顾好了之后或者你有时间的时候，自我保健应该是你的日常。就像你预约见面或预约会议一样，你应该努力做到自己跟自己预约做保健。身体力行地做好预约，实际上就是为自己建立了问责制——"这件事在我的日程表里，因此我必须去做"——保健不应该是一个假设的事情,否则你永远不会有时间去做,或者总是优先考虑做其他事情而忽视了保健。

每天,都要留出一些时间来进行自我保健。

可以做的事情包括:

◎每天晚上点上蜡烛熏香,不间断地读书半小时。

◎每天或每周舒舒服服地泡个澡。

◎午餐休息时间不接打电话,或是暂时远离办公桌。

关键是,自我保健必须是你每天提前预约并承诺做到的事情。现在你的目标是,每天至少做 30 分钟自我保健。

每天一大早就做好自我保健的计划,这样做比较容易。你也可以提前计划和安排一周的自我保健,这样做也比较方便。无论哪种方式,你都必须把这些用笔写在纸上,或者在你的电子设备上设好预约,用手机、平板电脑或笔记本电脑来为自己建立问责制,切实做到"去实践"这些自我保健。

问问自己

想想你做的哪些事情可以归入自我保健的范畴。

_____

_____

你会定期和自己预约做什么事情吗?
_____
_____

你会严格执行跟自己预约好的事情吗?你是否尽可能计划自我保健的时间,还是会定期自我保健?每天/每周?
_____
_____
_____

◆ 五感挑战 ◆

自我保健轮盘

如果你在自我保健方面想不到什么好的做法,轮盘是一个很好的工具,可以给你更多灵感。在一张纸上写下以下的每一个自我保健活动。把每一个活动撕下来并折叠起来,扔进碗里或空罐子里,每天随机挑选一个来完成。你完全可以随意添加其他活动,以丰富下图这个自我保健轮盘,这样可以更好地反映你的个人兴趣所在。

你喜欢为接下来一周做计划吗？每个周日晚上挑选七个活动，在每周开始时把它们安排在日程表中。

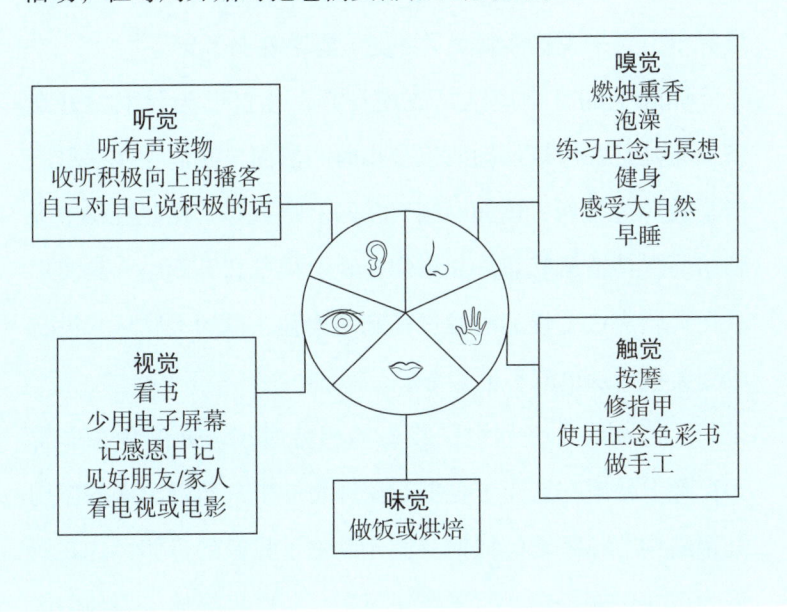

听觉
听有声读物
收听积极向上的播客
自己对自己说积极的话

嗅觉
燃烛熏香
泡澡
练习正念与冥想
健身
感受大自然
早睡

视觉
看书
少用电子屏幕
记感恩日记
见好朋友/家人
看电视或电影

味觉
做饭或烘焙

触觉
按摩
修指甲
使用正念色彩书
做手工

睡眠与自我保健

我诊所里每天都有睡眠困难的患者。他们的问题通常是难以入睡、难以保持睡眠状态或过早醒来，有些人甚至这几种情况兼而有之。我通常会帮患者解析他们晚上的日常，这有助于了解是什么造成了他们入睡困难。不出所料，他们中的许多人睡前使用电子设备，有些人甚至要处理"多屏幕多任务"。你有没有同时既浏览手机又给朋友发短信，还一边看着网剧，甚至还同时在笔记本电脑上做项目？这样的任务量对于白天来说就够刺激了，更不要说晚上了！

你晚上的日常应该是放松身心，让自己为睡眠做好准备，尤其是在熄灯前的两三个小时。然而，我们往往竭尽所能来破坏这一切，比如刷剧、在网上瞎逛等，在此过程中头脑始终保持清醒状态。如果你在晚上很难离开网络，其实你是在大脑应该变慢的时候过度刺激大脑，你的大脑从来没有收到关机提示也就不足为奇了。

人们在晚上使用电子设备的屏幕时，蓝光的危害非常大！晚上暴露在蓝光下会抑制褪黑素产生，而褪黑素的作用是帮助调节睡眠清醒周期。蓝光欺骗了我们的身体，让我们认为现在仍然是白天，光线还很亮，所以松果体（大脑中产生褪黑素的腺体）无法得到提示，无法开始产生褪黑素来为睡眠做好准备。

简而言之，被打乱的睡眠清醒周期会影响人睡眠的时间和质量，不仅会导致第二天难以集中精力、昏昏沉沉、萎靡不振，而且从长期来看也会对人的身心健康造成严重影响。睡眠不足与心脏病、体重增加、肥胖和糖尿病有关，甚至有证据表明会影响人的生殖系统和免疫系统。

晚上应该怎么处理电子设备呢？真有完美的晚间日常

吗？有没有一种放之四海而皆准的方法？

如果你睡眠不好，一到晚上就成了电子屏幕的奴隶，那么你也许应该为自己定规矩。我在本书第一章曾建议早上禁用电子设备，晚上其实也应该同样禁用。这也有助于你明确区分白天和晚上、工作时间和停机时间。然而，这些年我们的工作生活发生了太大的变化，导致晚上不用电子设备越来越困难。你可能要应付不止一份工作，也可能做的是倒班工作，工作并不是你在办公室坐下来才开始，也不可能在五点下班的时候准时结束。以我本人为例，上下班通勤时我经常接电话、检查和回复邮件，工作和其他事情的边界感荡然无存。

除了审视自己的电子设备使用情况，我还借助下面的五感框架来帮助患者识别，是什么阻挠他们享受美好夜晚。

视觉

电子设备。你晚上使用电子设备，一直用到睡觉前吗？我的许多患者都用电子阅读器或 iPad 看书，入睡比较困难。研究表明，比起读纸质书的人，使用电子阅读器的人需要花更长时间让自己入睡。因为睡前使用电子设备阅读会抑制高达 50% 的褪黑素的释放，这将影响到你的睡眠质量和第二天的状态。

暴露于灯光下。大脑里的视交叉上核是人的 24 小时生物钟，它依赖于无光（夜晚）和有光（白天）的重复模式来一次次重置。一个人如果经常在黑暗中通勤上下班，或者白天接受的日光照射有限（比如在高层没有窗户的大楼办公），或者晚上使用明亮的人工照明，都会打乱自己 24 小时的生物钟。

听觉

嘈杂的环境。我非常清楚嘈杂的环境对睡眠的影响。我女儿小时候经常夜哭，我通常得花几个小时哄她睡觉，到了午夜她哭得筋疲力尽睡着了，我却发现自己脑子嗡嗡直响，兴奋得完全睡不着。爱喧哗的邻居、住在交通干道边甚至打鼾的伴侣都可能导致你的睡眠环境不太理想。

不听内心想睡觉的暗示。原本可以早点睡觉，你却偏要出去彻夜狂欢；刷完三集精彩剧集后，你都眼皮打架哈欠连天了。其实你的身体非常擅长暗示你该睡觉了，但你偏偏选择忽略这些暗示。

嗅觉

晚上锻炼得太晚会使入睡更加困难。因为运动后代谢率增加了，核心体温也随之升高。开始睡眠的条件还包括光线变暗、体温下降，等等。

不停念叨正念和冥想的策略。大脑其实在不停忙碌，让自己"做，做，做"。

触觉

你感觉舒服吗？ 你所处的即时睡眠环境对睡个好觉的影响往往会令你惊讶。床垫不舒服、被褥太薄、卧室太热或太冷——所有这些因素都会影响你入睡的速度和睡眠时间。

忧心忡忡。很多患者在上床睡觉前，心思都被忧虑所占据，他们会反思白天所做的事情，设想未来或那些可能永远不会发生的事情。等他们意识到自己想得太多的时候，早已是午夜时分甚至更晚了。

味觉

太晚喝含有咖啡因的东西。你喜欢下午喝咖啡还是睡前喝？别忘了可乐、能量饮料、蛋白质补充剂和巧克力中都含有咖啡因。咖啡因是一种兴奋剂，它会让你眼睛瞪得像铜铃，而无法做到睡前放松。晚上如果只喝半杯咖啡，也需要7个小时才能排出体内的咖啡因。

酒精。你可能偏爱下班后喝一杯酒，或者临睡前小酌一口，但酒精的镇静作用会使你的睡眠更轻更浅，还会使你夜间烦躁不安或者无法入睡。

◆ 五感挑战 ◆

睡前行为断舍离

想要更好的睡眠,请试着对你的睡前行为来一个断舍离。

定一个时间表,认真执行。规定自己每天晚上在同一时间睡觉,每天早上在同一时间醒来,周末也不例外。这样做有助于调节你的 24 小时生物钟以及昼夜节律。

睡前 1~2 小时不要使用电子设备。这一规定包括手机、平板电脑、笔记本电脑和电视。让所有的屏幕和电子设备都远离卧室,尽可能在其他地方给手机充电,购置一个传统的闹钟。如果你一不小心就容易忘记使用电子设备的禁令,请把闹钟设置在睡觉前 1~2 小时,提醒自己是时候给电子设备关机了。

如果电子设备的诱惑太大,你应该确保关闭其通知功能并切换到飞行模式。

阅读纸质书。

为你的卧室购置遮光窗帘。尤其是在夏季。

白天晒晒太阳。如果你是在黑暗中上下班,可以利用午餐休息时间离开办公桌去外面散步。

购置耳塞。保证卧室隔音良好。

倾听身体的信号。感到累了的时候（打哈欠，眼皮打架），就上床睡觉。

练习正念和冥想。每天晚上睡觉前，做"吸气：正念与冥想"的练习。

不要在晚上锻炼得太晚。最好不要在睡觉前 3 小时之内锻炼。

睡前先泡个澡。之后体温的下降会让你感觉到困意。

床边放一本烦恼日记。把你的烦恼都"倾倒"在日记里。

下午和晚上尽量**不要喝含咖啡因的饮料**。

不要饮酒。

晚间电子设备禁令

如果做不到晚上不使用电子设备，可以考虑使用蓝光阻挡装置或蓝光过滤器，这些东西最近十分流行，可以下载应用程序到手机上，也可以在使用电子设备屏幕时戴上防蓝光眼镜。就我个人而言，没有向患者推荐过这些东西，因此我不会在这里提出任何具体的产品建议。原因是，虽然这些产品可能确实可以阻挡蓝光频率，但是我深信问题的根本还是在于你晚上做了什么，比如熬夜工作或做作业，在互联网上闲逛或是跟朋友发信息联络感情。正是这些事情让我们睡不着，我们的情绪因此而波动，可能会使入睡更加困难。

我发现每次我向患者建议给自己下达晚间电子设备使用禁令时，他们经常感到困惑或害怕，不知道除了使用手机还能如何打发夜晚的时间。如果不用电子设备，你还可以选择做什么事情呢？

晚上除了使用电子设备可以做的事：

阅读。看一本好书或期刊。

记日记。你可能已经采取了一些五感计划的做法来试图改变自己某些无益的行为。利用记日记的机会来反思自己的进展，看看离你为自己设定的目标是不是更近了。

为第二天做准备。不要让自己一大早就匆匆忙忙的，利用睡前时间整理好第二天要穿的衣服，收拾好包包，或者把第二天的早餐或午餐准备好。

表达感激。你有没有要感激的人？感恩练习可以培养积极的情绪，帮助一个人重新关注和评估对他来说有意义和有价值的事物、属性和人际关系，也就是关注生活中的美好。研究表明，感恩可以让人更加乐观，为人处世和生活方式更加健康。定期练习感恩还能改善睡眠，提升自尊，让你的情绪变得更好。购置一个记事本或日记本，在每天结束时记下三件你很感激的事情。你可以跟别人一起做这件事，比如伴侣或亲密的朋友。

倾倒烦恼。你睡觉前会感到焦虑还是紧张？把你的烦恼写在纸上让它离开吧。想了解更多关于这方面的信息，请跳转到本书后面几页的"烦恼时段"。

正念。关于正念工具和技巧，可以回顾本书的"吸气：正念与冥想"。

亲密关系。本该与所爱的人在一起的时间却被你花在了电子设备上。我们总是优先处理数字世界的人际关系，而忽视身边看得见摸得着的人。现在请你利用晚间电子设备禁令的时间，再次与爱人共赴爱河吧。

五感情绪锻炼

十周改善你的心理健康

第四章
触觉

CHAPTER4

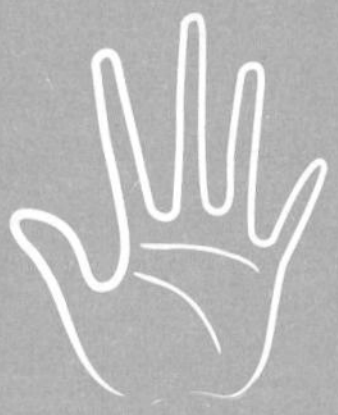

烦恼时段

关注解决方案，而不要只关注问题

如果我感觉有一种情绪支配了我所有的情绪，那就是担心。我经常忧心忡忡，从早晨醒来一直担心到睡觉前。我担心能不能把女儿顺利送去上学，然后让自己顺利来到诊所上班。我担心患者，担心家人，也担心赚钱。我担心自己不能做好所有的一切——当个好妈妈、好妻子、好女儿、好姐姐、好阿姨、好朋友，好员工，等等。我担心别人对我的看法，我还担心疾病和死亡。

这其中有些担心会令人极其伤神。有时我会把自己逼到绝处，甚至有倦怠崩溃的风险。有时我会拖拖拉拉，该做的事情不去做，这只会让我更担心自己什么都无法及时完成。对于有些担心的事情，我也不是无能为力，但还有一些担心的事情可能根本不会发生，所以很难为之做好准备或提供解决方案。

这可能永远不会发生

有助于解决问题的担心 [Problem-solving worry, （PS）]

担心往往是有目的且能起到作用的。例如，假设你担心面试或试镜会被刷下来，这种担心就会迫使你为其做好充分的准备。这里你不妨把担心看作一个可以让你去解决的有效问题。换句话说，与其忧心忡忡患得患失，你不如做好准备，充分练习，以确保自己能得到那份工作或那个角色。

"不一定发生"的担心 ["Might not" worry,（MN）]

在某些情况下，令你担心的问题不一定很容易识别，因此也不容易解决。

例如，如果你担心在去面试的路上被车撞倒摔断了腿，因此没办法去面试了，那你就会永远处于失业状态吗？原本可以花在做好各项准备上的宝贵时间，你却花在了去担心一件"不一定"发生的事情，这使你最终有可能会自我实现这个预言（你不会得到这份工作），因为你完全没有有效地利用时间，而是光顾着担心了。与前面那种有助于解决问题的担心不同，你无法把这种"不一定发生"的担心转化成可以去解决的事情——毕竟对于那些可能根本不会发生的事情，你该如何去做准备呢？

> **担心往往是有目的且能起到作用的。例如，假设你担心面试或试镜会被刷下来，这种担心就会迫使你为其做好充分的准备。**

佐伊的故事

有一天晚上，佐伊想去试听一个健身课，但没能说动一个朋友陪她一起去，所以她决定自己去。她先是担心迟到（这属于有助于解决问题的担心），其次她担心自己那些动作都不会做，会显得特别傻（这属于不一定发生的担心）。出于怕自己出丑的心理，她患得患失了半天，结果真的差点迟到了，差点自我实现了前一个担心。我跟佐伊聊起了她的这些担心。我们都承认她担心迟到是合理的，但这个问题解决起来相对比较容易，她可以做好充分准备尽量别迟到，比如她可以设个闹钟或者提前出发，等等。佐伊承认，不该去花时间担心自己在健身课上出丑，因为对于这种不一定会发生的事情，她实际上是无能为力的。

佐伊同意把每天晚上 6:00—6:30 定为自己的烦恼时段，那个时间她正好在做晚饭。一天中如果她有了"不一定发生"

这类的担心,她会大声对自己说,"这是一个'不一定发生'的担心,我会在专门的烦恼时段去想它",接下来她会赶紧把这个担心记在手机上,然后在烦恼时段到来之前都不去想它。

当她遇到有助于解决问题的那一类担心时,则会把担心转化成一个有待解决的问题,然后借助解决问题的工具来直面这个问题。

等烦恼时段真正到来的时候,她会发现她所担心的事情并没有发生,也就不需要再花时间担心了。

◆ 五感挑战 ◆

烦恼时段

烦恼时段是我建议患者使用的一种排忧方式,患者可以有担心、有烦恼,但他们应该控制好自己在何时去担心烦恼,避免自己整天忧心忡忡闷闷不乐。烦恼时段相当于在一天中给自己打开一个固定的窗口,借此你可以去担心那些"不一定发生"的事情。

一天中当你发现自己在担心时,问问自己:"我现在可以做什么去解决这个问题吗,这是个有助于解决问题的担心吗?"如果不是,那就大声(或者你宁愿悄悄地)对自己说"这是一个'不一定发生'的担心，我会在专门的烦恼时段去想它"，接下来，赶紧把这个担心记在手机上或日记里，然后在烦恼时段到来之前都不去想它。

就算同样的担心一整天反复浮现在你的脑海中，你也要重复刚才这个过程。简单地承认它，把它记下来，到了烦恼时段再说。虽然这看起来就是在重复，但它有助于强化一个要点——"不一定发生"的担心应该推迟到专门的时段。

同样，如果你发现自己最喜欢在晚上担心这担心那，这会影响你的睡眠，请你暂时叫停自己这些担心，把它们记在日记里，留到下个烦恼时段再处理。

在烦恼时段里：

回顾一下你列的担忧清单。您现在可以在接下来（多少分钟）内尽情担心这些问题。

删掉那些让你不再担心的事情。把白天持续担心某些事情就可能会发生的事情写下来，比方说，可能会浪费时间，可能会耽误工作进度等。

将每一种担心对号入座，把有助于解决问题的担心和"不一定发生"的担心区分开。在大多数情况下，被你记下来留到烦恼时段的都是"不一定发生"的担心，但如果你确实已经在晚上很晚的时候忧心忡忡影响睡眠了，不妨把某个有助于解决问题的担心搁置到第二天早上，到时候再去处理它，争取找到解决方案。

如果出现有助于解决问题的担心，可以借助下一页解决问题的工具（WWH法）来找到解决方案。

把你的情绪健康温度记录下来。红色代表劳心费神的担心，蓝色表示"我不再担心此事了"。

用帐篷类比来帮自己思考，有什么证据表明这种担心会不会发生。如果一直担心下去，对你有什么帮助吗？

烦恼时段结束后，把那张纸从你的日记里撕下来，销毁然后扔掉它。如果你喜欢无纸化数字化，那就把这些担心从手机及存档中删除。这样一来，明天又是崭新的一天了。

熟能生巧。刚开始尝试这个练习时你可能会不自在，担心自己每天能不能只在有限的时间里去烦恼担忧。但慢慢你会发现，你一天中的担心越来越少了，因为你知道自己可以"回头再"去做这个。白天你的工作效率也会更高，因为你能够识别到担心，并且把它转化成问题和行动。对于那些"不一定发生"的担心，到"回头"的那个时候，可能就已经与你无关了，甚至可能早就被你从清单上删掉了。

五感挑战

WWH 法

为了帮助人们克服担心并找到潜在的解决方案,我开发了一套方法,名为 WWH 法(WWH 分别指,什么、谁、如何)。

使用下面的图表完成以下步骤:

◎界定担心:我的担心是……

◎你需要什么样的支持才能停止这种担心?

◎谁能帮你?

◎我该如何应对这种担心?

◎列出应对这种担心的所有可能的解决方案,包括每个方案的优点和缺点。哪个解决方案感觉最可取?对它们进行排序,然后依次用这些方案试着解决问题,直到问题得到解决。

例如,佐伊的问题解决工具大致是这样的:

界定	什么	谁	如何	优点	缺点	排序
健身课要迟到了	地铁	地铁司机,未婚夫	走路去地铁站或让未婚夫开车送我去	有人帮我,不会堵车,不用担心不好停车	地铁延误,罢工	3

续表

界定	什么	谁	如何	优点	缺点	排序
健身课要迟到了	私家车	自己	开车	可以掌控自己的时间	或许会堵车，不好停车	2
健身课要迟到了	出租车	出租司机	打电话给出租车公司	别人开车，不用担心不好停车	额外费用，可能会堵车	1

结果： 在考虑了所有的备选方案后，佐伊觉得乘出租车去健身最好，因为这样她就不用担心停车了，而且她可以提前决定何时出发。

WWH 问题解决工具

制作一个你自己的问题解决工具。

界定	情绪健康温度	什么	谁	如何	优点	缺点	排序

完美的不完美

你是不是期望自己处处"完美"无懈可击？如果答案是肯定的，你可能会为自己设定很高的标准。你的生活方式大概就是"我一定……，否则我就是……"。

◎我一定不能犯错误，否则别人会认为我是个没用的人。

◎我一定要节制饮食，否则我就是个胖子或者会变胖。

◎我一定不能哭，否则我就是个弱者。

◎我一定不能在谈话中有差池，否则我就是个无聊的聊天对象。

虽然努力让自己变得更好、做得更好并没有什么错，但更为重要的是，对于想让自己从 A（你现在在哪）到 B（你想去哪）的期望，你要现实一些。有一种说法认为，人生旅程顺顺利利才是有用的人生，任何挫折都是失败，而不是一个成长的机会。真的是这样吗？随便找个比较成功的人问问，比如著名企业家、运动员等有影响力的人，问问他们的成功之路是什么样子的？路径 A 还是路径 B？

```
         路径A
失败 ─────────────→ 成功

         路径B
失败  ∿∿∿∿∿∿→  成功
```

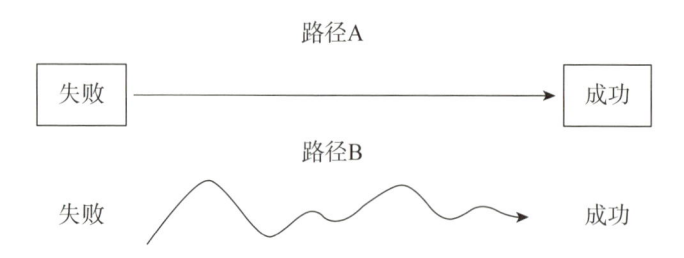

这些人的成功之路，大概率应该更像路径 B，途中他们有一些"不太完美"的失误，但仍然能够实现自己的最终目标。然而，我们总想让自己相信，别人的成功很容易，成功的路上毫无瑕疵，无论是成功人士，某个领域的顶尖高手，还是达到了个人最好成绩，抑或是拥有很多粉丝。而实际上，除非你每天每时每刻都事无巨细地知道这个人如何生活如何呼吸，否则你永远不能百分之百确定，这个人的成功之路到底更像上面哪一个。

我们都处于路径 B 那条弯弯曲曲之路的不同阶段，具体位置因个人的目标和抱负而异。虽然有些人可能已经到了终点线，而有些人可能还只是刚刚迈出了第一步。你的困境在于，老是把自己与处于各自不同阶段的别人进行比较。然后你让自己相信，他们比你更好更自律或更有意志力，而不觉得自己还没有完全做到是情有可原的。你看，他们在终点线那边手里抓着金牌，而你自己才刚刚越过中途点。

跟别人攀比通常会令你偏离常识或觉得自己不行。被你忽略的事实是，他们开始实施计划比你早几小时、几天、几周、几个月，甚至几年，而你才刚刚起步而已。或许你下定决心在新年到来之前达到最理想的身材，可是在执行跑步计划的第一天，你就拿自己跟办公室同事克莱尔做比较，而她已经完成了第二次马拉松长跑。也许你刚刚换了一个新的工作环境，却把自己和一个已经在此工作两年的人进行比较。或者你是一个新手妈妈，却非要去跟一个三胎母亲比较，人家在照顾孩子这方面可是驾轻就熟。

追求不完美的完美

以一个跑步运动员为例吧，这个人最近刚跑完了伦敦马拉松。你在了解了他过去几个月的训练计划后，会不会仅仅因为那些"训练跑步速度太慢"或"因伤没能训练的日子"就否认他取得的巨大成功呢？当然不会。过程的不完美不会也不应该影响最终的结果。那个运动员的目标是完成伦敦马拉松赛，虽然实现这个目标的过程有时可能不那么完美，但这是一个人很好的学习、成长和完成目标的机会。

再举个更简单的例子，你给自己买了一个包。在繁忙的通勤途中，包在地铁车厢里被磨损了，有了划痕。你会仅仅因为这个划痕就觉得这个包没用，继而想把它扔掉吗？不会吧。虽然有了划痕的包不完美了，但完全不影响它装东西，你还是应该会接受（尽管勉强）它的瑕疵或缺陷。

为自己设定高标准

如果你以前从来没有跑过步，就别指望自己会突然有如神助能在跑完一场马拉松的同时打破纪录。你需要做好准备，这是一个漫长的学习过程，在此过程中，你一定会经历挫折，比如达不到设定的时间，时不时不能训练，可能会受伤，等等。原本指望享受奋斗的挑战，你却变得害怕犯下上述"错误"，而且，你可能会有以下想法——"我不完美""我没用"或是"我永远无法实现自己定下的目标"，这些想法影响你的具体程度依据你对情境的解读会稍有不同。这样一来，你的自尊受到影响，整天纠结于自己到底是"完美不犯错"还是"犯错不完美"。突然之间，你的自尊心完全取决于，你是否能达到为自己设定的过高的标准。

妮可拉的故事

28岁的托儿所老师妮可拉已婚已育，最近刚休完产假重返工作岗位。现在的她必须同时兼顾事业和家庭的责任，这让她有些疲于应付，她的朋友、家人和同事也总说"不知道你怎么才能兼顾"。妮可拉拒绝别人帮她，因为她觉得这样很失败，而她应该有能力做好一切。她现在方方面面都担心出错：如果我在工作上不如以前聪明能干了怎么办，如果托儿所觉得我只管自己的孩子很自私怎么办，如果我丈夫觉得我魅力减少了该怎么办——不管一开始吸引他的"那种魅力"究竟是什么。

妮可拉发现自己在工作上无论做什么都要再次甚至再三检查。过去不费吹灰之力就能完成的事情，现在需要两倍甚至三倍的时间来做，而且往往因为害怕出错，有时都无法顺利完成。她不愿把工作委托给别人，因为她不相信谁不会犯错，并担心委托给别人最终会影响自己的状态。她把儿子从托儿所接回家，然后直接走进厨房准备做一顿家常晚餐。她拒绝使用任何预加工的食材，因为"完美的妈妈总是给孩子吃亲手做的东西"，这也就意味着她需要一到家就马不停蹄火力全开。她可以在晚上花几个小时浏览网店给儿子买衣服，生怕出错。同样，假日出行预订也总是很棘手。她发现自己看了一个又一个评价，无非是为了找到一个完美的度假目的地，她担心如果选了一个糟糕的地方，就会遭到责怪。对于这种费时费力的比来比去，就连丈夫都开玩笑说，他们每次最终能完成预订都算是幸运的了。对于简单的家庭外出午餐，她也难以定夺，更不要说安排晚上出门约会了。这使两人之间逐渐开始不合拍,丈夫经常需要跟她说"放轻松"。

我和妮可拉聊了她对自己的期望。她说她"一直是个要风得风,要雨得雨,什么都能做好的人",直到有了儿子。虽然她知道成为母亲后的生活会改变,也接受了这一点,但她担心其他需要她付出时间的人对她会有什么看法,尤其是在工作上。她担心别人会觉得她放弃优秀了,对自己的标准降低了,不认真对待生活工作了等。在家庭和工作方面她都感到了这种压力,同时她觉得她应该什么事都能做好。虽然她承认有时会需要帮助(在家她需要丈夫帮忙,工作上她希望下班时间更灵活),但她把需要帮助等同于她这个人不值得信赖或不称职。毕竟在过去,她一直都能独当一面。

我让妮可拉明白了一点,与其说"寻求帮助就等于不称职或不值得信赖",不如说她是意识到了自己的局限性,当然,一个人如果能认识到自己的局限性,他其实是更值得信赖的。

我们都认为,妮可拉基于以前作为妻子和雇员的标准,为自己设定的标准过高,因为她害怕别人把她注意力的分散视为"偷懒"。她想把每个角色都扮演得尽善尽美,因此迫使自己满负荷运转,结果导致自己几乎没有时间和空间来照顾自己的身心健康。对妮可拉来说,如果不以完美为目标,就等同于她"不努力"或"不在乎",这是非黑即白的思维方式,她不允许有中间地带。

我帮妮可拉思考，如果不用把一切都做得完美，不用永远正确，或者不去大包大揽，会是一种什么感觉。她一开始觉得无法想象，但慢慢地她对自己表现出了更多的同情心。她的生活就像同时旋转很多盘子。其实她的生活已经改变了，但她对自己的标准却没有做出相应改变。妮可拉于是试着为自己重新设定标准，同时兼顾自己目前的各项责任，这使她不再坚持要回到自己生孩子之前甚至结婚之前的状态了。

> **问问自己**
>
> 你觉得自己是完美主义者吗？
> _____
> _____
> _____
>
> 你是不是一直认为，要么百分之百付出，要么压根不去做？想想你什么时候会这么想。
> _____
> _____
> _____

你是不是因为害怕犯错，所以每次做决定都要花很长时间？想想你什么时候会这么做。

_____
_____
_____

你是否发现，即使是最简单的任务，你也会比别人花更长的时间来完成，因为你不停地检查和修改？想想你什么时候会这么做。

_____
_____
_____

你是否发现，在别人负责做决定的时候，你总是控制不住自己，想要插手或者影响别人的决定？想想你什么时候会这么做。

_____
_____
_____

在做完某件事之后，你是否经常会进行自我批评，认为做得不够好，原本可以做得更好？

_____
_____

> _____
>
> 你是否总是因为担心时间不合适而推迟去做一些事情？
> _____
>
> _____
>
>   如果这都是你太熟悉不过的日常，那么你要想想，希望一切都完美是不是为你平添了许多压力。如果是这样的话，那么你应该考虑如何给自己减压了。不要事事力求完美，要学会拥抱自己的不完美。

对完美放手

当你做错了事或者达不到百分百完美，最糟的结果会是什么？

这并不是说你不该志向远大，不该对自己高标准严要求，而是让你考虑这样做的代价，而且你应该更现实一些。要知道，任何实现目标的道路都注定充满挑战。

关于如何让自己过上不那么完美的完美人生，以下是几点建议：

做好一路走来会犯错的心理准备，并且接受这些错误。

犯错很正常，错误给予我们学习的机会，而绝非是衡量我们自尊和自我价值的绝对因素。

改变看待错误的方式。改变你过去对"犯错"的理解。犯错并不意味着你没用，也不能说明你再也实现不了当初确立的目标。相反，错误能够使你意识到，可能哪个地方出了问题，有所欠缺。你应该把错误看作自我发展的工具，为"下一次"吸取教训，而不应该完全不给自己"下一次"的机会。

下次当你又开始把自己的"不完美"同别人的"完美"做比较时，回想刚刚不同路径的对比，告诉自己你和那个人处在成功道路的不同阶段。每个人的成功道路都不尽相同。我们会遇到来自各方面的挑战，一部分人或许会需要在路途上歇歇脚，停留得久一些。但无论选择哪一条路，一路上只要你能够直面挑战，就终将能到达终点。

开始享受这一过程。希望在你能够接受一路上注定荆棘常伴后，你会更坦然面对挫折，因为你已做好心理准备，迎接挫折和考验。

◆ 五感挑战 ◆

完美主义何时成了你的拦路虎？

回想最近一次你认为失败的经历，无论是在个人目标、职业目标或是社会目标实现上的失败，都可以。在下方的路径上标注出过程中你认为的挫折，请说明是什么使你最终认输并放弃去实现目标。也想想那些发挥出色的方面，记为巅峰期。为什么巅峰状态没能强大到战胜挫折呢？

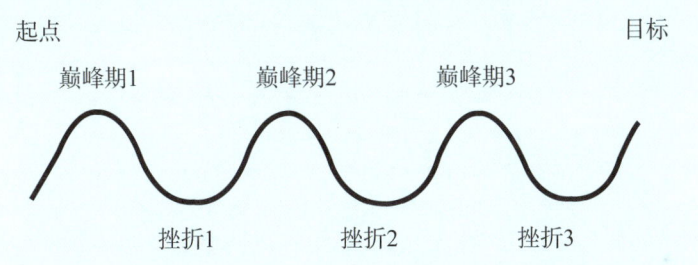

起点　　　　　　　　　　　　　　　　　　　　目标
　巅峰期1　　　巅峰期2　　　巅峰期3

　　　挫折1　　　挫折2　　　挫折3

回顾一路走来的历程，你是否觉得自己放弃得太早了？你觉得为自己设定的标准切实可行吗？

以现在的状态，如果你有机会回到过去从头再来，你会采取不同做法吗？你还会为了考试而通宵熬夜学习吗？虽说你一半时间都在磨洋工，你会不会索性让自己度过一个极其轻松的夜晚，早早上床睡觉，也不会觉得这样做是"放弃努力了"？

未达成的目标	你为自己设立的标准	你达标了吗?	表现好的方面	导致你中途放弃的挫折是什么?	还在想着这个未完成的目标吗? 重新再来你会怎么做?

感受发自内心的自信

你是不是觉得,一个人要么有自信,要么没自信?你有没有一边看着别人一边心里想着"要是我能像他那样自信就好了",或是"真希望我不用理会别人对我的看法"?

如果在毫无征兆的情况下,把你从现有的工作中拉出来,放到新的环境中,你会有何感受?如果是把你从现在的朋友圈中拉出来塞给另一帮朋友呢?很可能大多数人面对新的环境和人设都会不知所措。你或许会怀疑自己,是否有能力扮演好新的角色或者与陌生人产生共鸣,你甚至会开始怀疑自己根本不是这块料。这些想法都十分正常。

就算是天生自信的人面对陌生的情况也会感到无所适从,也会有一些担心,但是与不自信的人的区别在于,这些人相信自己假以时日可以学会新的技能(搞定新的工作角色或者建立起新的友谊)并最终熟练掌握这项技能。而那些没那么自信的人呢,最终只会被不确定性和自我怀疑压垮,不相信自己能够承担新的角色或者建立新的人际关系。这些人的自信心与一些虚无缥缈的东西纠缠在一起,他们只着眼于自己当前具备的技能,却没有长远的眼光,不相信自己未来能够学会甚至熟练掌握新的技能。

露西和杰克的故事

露西和杰克都在办公室的行政岗位做临时性的工作，工作内容包括接打电话、撰写信件、协调会议以及做会议记录等。一天早晨，项目经理来行政办公室说，公司要派她明天早晨去市区的另一头开会。她希望项目组的日常会议第二天能照常举行，但需要有人来主持会议，她想让露西和杰克两人自行决定谁来负责主持会议。离开前她还补充道："由于另一个项目组实在是忙得不可开交，接下来的一个月里我可能随时无法主持会议。"她在一边打电话一边离开之前又说了一句："有任何问题都可以来我办公室找我。"

露西和杰克面面相觑。面对这种临危受命，二人心里不觉一阵慌乱，对于自己是否有"足够的经验"承担这个新的责任，两人都没有十足的把握。并且他们都担心真要像老板说的那样"有任何问题都去找她"，会不会反而暴露出自己的工作能力不够？

在片刻沉默的僵局后，露西突然毛遂自荐，提出由自己负责主持会议。虽然她并没有百分之百的把握，但她还是想试试，并告诉自己她没问题。对此，杰克总算松了口气。

露西整理了几点要请教老板的问题，老板也帮她为第二天的会议整理出了一个大致的议程，这样她也不至于一点头绪都没有。

第二天的会议准时举行,露西的神经绷紧如临大敌。开会前还不忘跑到卫生间,在镜子前给自己加油打气:"你可以的!所向披靡!"她想象着会议一切进行顺利,会后同事们拍肩赞许她,老板也热情地同她握手表达祝贺的场景。当她入座后,会议正式开始。杰克抬头看了一眼,开始做会议记录。

杰克心想:"露西看起来真是自信,真希望当时我也能自告奋勇。但这对我来说是不可能的。"

整场会议下来,露西表现得并不果断。虽然有好几项议程她说得不太顺,但基本上还算是有条不紊地完成了每一项议程。露西对自己的表现"极为满意",迫不及待想要主持下一场会议。第二天,老板也称赞了她出色的主持工作。

露西和杰克二人一开始的境况别无二致。他们的工作经历、工作内容以及摆在他们面前的机会都一模一样。两人当时都感到不安(前面我们已经讲过,不安是正常的),然而在一开始自己也知道并不能完全掌控的情况下,露西相信自己能够学习并掌握相关技能。她甚至抓紧最后一刻和老板沟通协调,做好准备,帮助制定会议日程。与此同时,露西还坦然接受了主持方面犯的一些错误,知道这些错误并不影响这次会议取得的结果和成功。露西还在开会前不停进行积极的自我暗示:"你可以的!所向披靡!"这份鼓励使她自信地走进会议室,出色地完成了主持工作。这场她第一次主持的会议还算成功,尽管临危受命准备不足,但这次成功也使她坚信功夫不负有心人。即使一开始不具备相应的能力,然而敢于学习新事物,拥有坚定的信念,对她来说就足够了。

> **问问自己**
>
> 回忆一下,哪些情况下你感到不自信。是什么让你不自信?
>
> _____
> _____
> _____
>
> 你在面对事情打退堂鼓或怠惰因循时,脑子里在想些什么?
>
> _____
> _____
> _____
>
> 当知道不只能力还有自身的信念也会阻碍你前进时,你会尝试做出改变吗?
>
> _____
> _____
> _____

◆ 五感挑战 ◆

认识自身的优势

普遍的假设认为,自信是可以推而广之的。如果你在生活中的某个方面自信,毫无疑问你其他方面都应该自信。也许你在挚友婚礼上面对一屋子亲朋好友能从容自信地举杯祝酒,但到了工作场合,你依然欠缺公开演讲的自信。面对一次次的自我否定,你要能认识到,自己处理一些事情时也能从容潇洒(这正是你的优点),不要因一些消极的经历(或是那些自我怀疑的瞬间)而妄自菲薄,这是十分重要的。

在下面表格中的第一栏填入你的优势。你擅长什么?在哪方面特别有能力?

在第二栏填入你希望具备但目前还没具备的特点。我不想称其为"弱点"或"劣势",因为这样的标签可能会使你无力去做出改变。也许你会觉得现在你不是这块料,以后也不会是,然而,掌握新技能的意愿和信念才是重拾自信的关键所在。

优势	进步空间

续表

优势	进步空间

当你自我怀疑或不够自信时，看看自己列的这个表，提醒自己有能力做些什么？你的优势是什么？将自我怀疑放入具体的情境中，切勿过度解读。一次小组会议上发言时的内心挣扎并不意味着你将来永远都无法侃侃而谈。

浴缸

想象自己置身于一个虚拟的浴缸里，浴缸里盛满了舒适的热水。每当你对自己说一些消极的话时，浴缸的塞子就会松一点，热水随之会流走一些。如果你一味妄自菲薄，流走的水就会越来越多。当热水越来越少，你暴露在寒冷的空气里，就会开始感到不适，容易着凉。

再想象每当你对自己说一些积极的话时，塞子就会被堵得越来越紧，温暖的热水就一点都不会流走了。

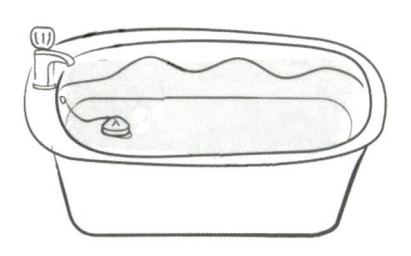

想想你的浴缸是哪一种。每天都是哪些消极的想法在松动你的塞子？你如何用你积极的塞子堵上这些消极的想法呢？

_____

_____

_____

积极的塞子

消极的想法

想要用积极的自我暗示来替换消极的自我暗示可能并不

容易实现，但你依然可以决定孰轻孰重。告诉自己消极的想法并不能决定事情的结果——心里想着"我做不到"并不代表你真的没办法做到。分析你内心产生消极暗示的原因，对自己多一些同情心，想想这些消极的自我暗示本质上是在传递什么信息。例如在见恋人的朋友前的消极暗示，是不是因为你害怕给对方留下不好的印象。意识到这一点能有效降低消极想法对你的影响。不断用积极的自我暗示取代消极的自我暗示。对自己说一些常用的鼓励语，比如"你能行！"或者想一些更具体的有指导意义的话来帮助你出色发挥。激励性的话语例如"新朋友们会喜欢上我的"，有指导意义的话语可以是"和他们聊一聊共同话题，比如我的男朋友"。

感到有压力时给自己减负

你是否发现自己总是在"应该做"和"必须做"的事情上犹豫不决？你的每一步都跳不出自己所设定的条条框框，每当你考虑冲破束缚时，就会陷入无尽的自责中，循环往复。

我就是这样的人。我在职场上打拼，已婚，有一个孩子，有时我把简单的生活过复杂了。出于一个母亲近乎偏执的自责心理，我总认为接女儿放学就该是母亲的责任，否则学校可能会觉得我对女儿不管不顾，只想着工作。即使有些时候工作太忙，我也不会接受家人的帮助，决意要自己去接送女儿。

对于家里的帮助，我进行了一番思想斗争，因为我认为一旦接受了帮助就默认我无暇顾及女儿，这就等同于说我不是个称职的妈妈。因此我一直硬撑着，压力积累到一定程度，心里的高压锅随时都有可能爆炸。

我承认我给自己加了太多担子，把接送女儿看作我自己一个人的责任。

因为一度工作特别忙碌，我不得不开始正视自己的问题，我为什么不愿意接受家人热心的帮助呢？我试图说服自己，如果让别人去接送女儿，她会失望的，毕竟一直以来接送她上下学的人都是我。

然而的确在一些特殊情况下，接受家人的帮助并不等同于我做了令女儿失望的事，也不等同于我无暇顾及女儿。但我心里过不去这一关。

就算我本人去接女儿回家，很多事情也无法兼顾。这样虽然我的人在她身边，心却不在她身上，更多的时候都是一进家门就迫不及待打开笔记本电脑开始处理工作。

我努力给予自己更多的同情心来看待当下的处境。如果有朋友和我身处同样的境地，我肯定会跟她说别傻了，接受帮助没什么大不了。我慢慢意识到，如果接受了来自家人的帮助，我可能会更好地分清工作和家庭的界限。这样我在办公室的时候能全身心地扑在工作上，回了家我的心思也能全都放在女儿身上，不被打扰。

我承认，如果让婆婆每周接送女儿上下学一次，就能或多或少减轻我的负担，让心里的高压锅能松松气。我甚至开始学着同情自己，给自己找理由，开始挑战自己立下的"应该做"和"必须做"的规矩：

"婆婆可以帮忙接送，连她自己也乐在其中。"

或者，"现在工作忙得不可开交，我需要有人能搭把手。"

我甚至摘下了有色眼镜，承认无论是爸爸妈妈还是爷爷奶奶、姥姥姥爷都可以接送孩子。"接送孩子是妈妈的专职，否则就是不称职的妈妈"——我给自己立下的这个规矩并不适用于所有人。如果我深信不亲自接送孩子的妈妈就是不称职的妈妈，难道所有不来学校接孩子的妈妈都不称职吗？当然不是这个道理。我开始意识到拿着这样高的标准和期望来吓唬我的不是别人，正是我自己。

压力锅

压力锅模型能够帮助你思考，哪些不切实际的期望和你一贯坚持的准则其实是你自己强加给自己的压力。当你无处宣泄这种压力，不愿同情自己，去寻求他人的帮助时，这些压力就会不断积累，直到达到峰值锅盖爆炸。该练习能够让你换位思考，站在一个富有同情心的朋友的角度，想想你自己能做些什么来发泄自己徒增的压力，防止压力溢出爆炸冲破盖子。

规则		减轻压力
接孩子是我一个人的事情。	否则学校会觉得我是不称职的妈妈	婆婆可以每周接送女儿一次
我应该能把一切都安排妥当。	我对女儿没有全情投入	工作忙得不可开交，需要人搭把手

> **问问自己**
>
> 你是否曾经就"应该做"和"必须做"的事定一些不切实际的规矩和期望,因此让自己压力山大?这些规矩和期望你希望朋友或家人也做到吗?
>
> _____
> _____
> _____
> _____
> _____

◆ 五 感 挑 战 ◆

对自己好一点

列出那些令你倍感压力但想始终坚守的人生准则。每句话的开头是"我应该……""我必须……"或者"我不得不……",把这些句子写在高压锅模型的左侧。

然后写出你坚守这些准则的原因。你坚守准则是因为害怕什么，因此你不愿去寻求他人的帮助？把这些写在高压锅模型内部。

你是如何给自己减轻压力的？把自己想象成是一个富有同情心的朋友，想象当别人遇到相似的情况时，你会提一些什么样的建议呢？把答案列在高压锅模型的右侧。

每当自己感到有压力时，你都可以参考这个高压锅模型。想一想是哪些人生准则使你感到有压力。正视这种压力，然后把自己想象成是一位富有同情心的朋友。想想你能为身处相似情况的朋友提供些什么建议呢？你愿意帮助他们吗？

◆ 五感挑战 ◆

委以他人的艺术

连接送孩子上下学这种最简单的事情，我都不愿交托给他人，更不要说别的事情了。一个人如果总觉得只有自己有能力或者有义务完成某件事，就会被压得喘不过气。对于我来说，委托别人接送孩子会显得我不称职，我也不想让女儿失望。学会放下曾经你认为是理所应当的责任不是一件容易的事，但面对巨大的压力，这又往往是绝佳的办法。

你在选择放手和把事情委以他人时内心也很挣扎吗？如果是的话，下次感到压力时，问问自己是否是做这件事的唯一人选，或许你可以向别人寻求帮助。

每天早晨起来列一张待办事项清单，按照下一页练习的格式来填写。

记录你的情绪健康温度。红色代表情况紧急，当天必须有所行动。蓝色表示该事项虽可以去做，但不是一定要去做。

你能把这些任务委托给别人来完成吗？

想想谁能帮你做什么？如何帮助你？也许你会用到WWH法。

我要请我的婆婆（谁）来帮助我分担压力，在我忙工作时帮忙接女儿（什么），每周两次（如何）。这样一项简单的委托使我的情绪健康温度从红色降低到更可以接受的黄色。

确保一切都准备就位之后再记录你的情绪健康温度，思考这种做法是否值得继续，尤其是因为它降低了你的情绪健康温度。

待办事项	事前情绪健康温度	谁能提供帮助?	为什么是他/她?	能提供哪些帮助?	如何提供帮助?	事后情绪健康温度

对"冒充者综合征"说不

你是否有过"冒充者综合征"？它指的是你怀疑自己和自己的能力，害怕被别人发现，自己其实没有自称的知道那么多或者那么经验丰富，这样一来你就是个冒充者。即使你掌握很多相关的技能、资质甚至有所成就，这种心理依然有可能存在。这会使你严重失去行动能力，感到紧张不安，无法去享受那些令人激动不已的机会。你开始相信自己不过是一个冒充者，觉得成功不值一提，纯属运气，无视过程中自己的辛勤付出。

与其一味看到自己可能无法胜任之处，不如勇敢发问——"凭什么不能是我？"

埃伦的故事

埃伦最近刚刚升为高级化妆师。她即将迎来第一场由她担纲的大型选美比赛，因此既激动又紧张。第一天比赛时她走进化妆室，被团队豪华的阵容所包围，初级化妆师们齐刷刷看向她，等待她发号施令。模特也开始陆陆续续进入化妆室，埃伦紧张地呆住了。突然间自我怀疑涌上心头——"我怎么会在这里?他们一定是搞错了,我没资格担任这场比赛的首席化妆师,一定有比我更有资格的人选。"

我同埃伦聊起她是如何自我怀疑,又是如何感觉自己像是个冒充者的。她告诉我说,她"感觉自己就像个骗子",那么她"一定就是个骗子"。那一整天,她的状态都被这样的不安情绪影响。她害怕自己会"不小心犯错",辜负品牌方的信任,他们也许到头来会发现,她是个毫无资质和经验的化妆师,然后她自己甚至都开始相信,自己就是个毫无资质和经验的化妆师。

埃伦承认自己常常把对自己的感觉和事实画上等号,喜欢给自己贴标签。

"我感觉……,因此我就是……。"

"我感觉自己像个骗子,因此我的确就是个骗子。"

我们一起回忆那天"感觉自己是个骗子"对她来说究竟是什么滋味。她向我描述说,她清楚地知道,那次宝贵的机会对任何人来说都是难得的,但她无心庆祝这种成功。她因为害怕出错,在每个模特身上花的时间太多了,几乎差点耽误拍摄。她甚至牺牲中午吃饭的时间,疯狂地在油管(YouTube)上搜索化妆教程,只为以最好的化妆技术迎接下一位走进化妆室的模特。她自始至终没有腾出一分钟来祝贺自己出色的表现。

> **问问自己**
>
> 你是否曾有过认为自己是冒充者的经历？这种感觉是什么滋味，你又因此做了些什么？
>
> _____
> _____
> _____
>
> 我同埃伦聊起她是如何自我怀疑，又是如何感觉自己像是个冒充者的。她告诉我说，她"感觉自己就像个骗子"，那么她"一定就是个骗子"。

• 五感挑战 •

凭什么不能是我

如果你经常出现冒充者综合征，那么当下次这样的情绪又开始作祟时，不如试试"凭什么不能是我"这个练习。

这个练习能够帮助你克服"他们一定是搞错了，怎么可能是我"这样的内心声音，以"凭什么不能是我？"的有力态度回击质疑。当你进入到一个新的环境，面对新的挑战或者需要运用专业知识来解决问题时，害怕失败或者"被揭露"的恐惧会占据上风。这意味着你无法享受属于自己的高光时刻，无法肯定自己出色的表现。

与其一味看到自己可能无法胜任之处，不如勇敢发问——"凭什么不能是我？"

埃伦最终打消了心中的顾虑，列出了关于"凭什么不是我……"的几个要点。

冒充者的感觉	凭什么不能是我
我掌握的知识还不够多	我是一个屡获奖项的化妆师
我可能会出错，到时候他们就会知道，我没有他们想象的那样优秀	一路走来我曾经犯过错误，但我依然获得了这次机会
我还不够优秀	人们都称赞我出色的工作，如果我不够优秀，他们也不会考虑我
他们都盯着我看，仿佛在质疑我的能力	他们都盯着我看，或许希望我给他们一些指导

我也鼓励埃伦尝试"烦恼时段"法，不要再"感觉自己是个冒充者"。这样的担心可能会带来无法抵抗的拖延和胡思乱想，导致她分心，忘了自己该做什么，而"烦恼时段"法则能有效避免这种情况。之后我们又一同关注接受自己的不完美有多重要，不要把不完美等同于能力欠缺或者不配得

到成功。

完成下面的表格，填写属于你自己的"凭什么不能是我"，时刻提醒自己为什么你所有的成就都是应得的。你也可以把冒充者情绪安排在"烦恼时段"练习，发泄烦恼，这样就不会让它占据你的时间和精力，你就可以专心去做你该做的事。设定边界，告诉自己只能在固定时间有冒充者情绪，这样即便自我怀疑再次涌上心头，你也依然能够战胜它。

冒充者的感觉	凭什么不能是我?

五感情绪锻炼
十周改善你的心理健康

第五章
味觉
CHAPTER5

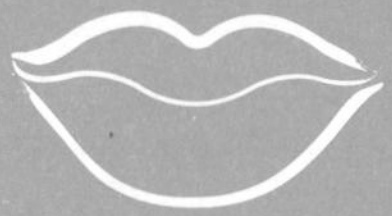

享受美食

讨论味觉前有必要先聊聊情绪和饮食的关系。很多人都有过这样的经历——在考试或面试前紧张得一点胃口也没有。有些人情况却恰恰相反，在面对考验时，食物能有效缓解他们的情绪压力，开心的时候，吃东西也是他们庆祝的主要方式。

每天我都会见到不同的患者，因为处理不好自己和食物的关系备受煎熬，具体原因各不相同。有些抑郁症患者的食欲时好时坏，而另一些人长期以来饮食失调，对自身的情绪健康也造成了危害。

不可否认，饮食和心理健康之间存在着复杂的关系。为了解开这其中的奥秘，我邀请到了运动和饮食失调专家、《健康食品痴迷症》(*Orthorexia*)的作者蕾妮·麦格雷戈（Renee McGregor）和杰米·奥利弗（Jamie Oliver）集团的营养主管、注册营养师珍妮·罗斯伯勒（Jenny Rosborough）与我们分享一些专业见解。

食物是否会影响人的心理健康？

珍妮：食物对我们身心健康产生的影响是多方面的。首先，食物能为我们的生存提供所需的能量。多样化的饮食作为人体摄取营养的最佳方式，能为大脑和身体的发育以及正常运转提供全部所需的营养。一些营养成分对人的情绪有一些具体的作用。举例来说，碳水化合物富含多种重要维生素，是我们身体获取能量的重要来源；蛋白质类食物含有铁元素，如果人体对此摄取不足，会感到疲惫乏力、无精打采；水果和蔬菜含有多种营养成分，人体通过摄取不同种类的水果和蔬菜来保证饮食的多样性；保持水分同样很重要，脱水不仅会影响注意力，还会使我们感到疲惫无力；而摄入大量的咖啡因则会影响睡眠，进一步影响人的情绪。饮食也往往反映出我们的文化、传统和归属感，对我们的身心健康十分重要。与此同时，情绪也会影响我们的饮食习惯。许多人追求"完美"饮食，这可能会对人的整体健康造成危害，而实际上，长期食用经济实惠、易获取易加工的食物，才是营养平衡和多样性的关键。饮食习惯和其他生活方式（如睡眠和锻炼）都是构成身心健康的一部分。请记住，影响情绪的是你的整体饮食模式和饮食习惯，而非某一种特定的食物或"灵丹妙药"一样的营养成分。

完美饮食是否真的存在？

蕾妮：要想保持良好的健康状态，只关注吃什么和怎么吃是远远不够的，回应来自我们身体的暗示同样很重要，但是许多人由于受到社交媒体大量外部信息的影响，却恰恰忽略了这一点。我们的身体就像不断变化着的生态系统，因此就像人类和自然环境的相处模式一样，对于我们的身体变化，我们自身也要及时做出改变。如果你只是在度假期间多喝了一些酒或晚上吃了一点甜点，完全没有必要给自己压力，因为这只不过是一年52周里的一周而已。所以实际上，"完美"饮食强调的是对食物保持健康的态度，并且认识到食物对我们的影响是长期而非立竿见影的。

我们应该多久吃一次饭？每餐必备的营养成分是哪些呢？

蕾妮：通常情况下，我们的身体每隔3～4小时需获取一次食物，以防止血糖波动，同时保持最佳的激素反应。如果我们总是延长每餐之间的间隔时间，会导致压力激素分泌增多，进而不利于体内许多功能所需激素的分泌，例如免疫系统、骨骼和心血管健康。

总的来说，关于食物摄取的指导原则是：

1. 以淀粉类碳水化合物为主。

2. 多吃不同颜色的蔬菜水果。

3. 摄入较多蛋白质，如鱼、鸡肉、豆类、鸡蛋和豆腐，偶尔吃点红肉。

4. 摄入富含优质脂肪的食物，如坚果类及坚果油、鳄梨、油性鱼和食物种子。

5. 多吃利于骨骼健康的乳制品或大豆替代品。

6.将摄入食物的含糖量控制在最低限度，减少糖分营养摄入占比（完全不摄入糖分不可取）。

每一餐大致由三分之一的碳水化合物、三分之一的蛋白质和三分之一的蔬菜组成。如在外就餐，以上标准可供参考。

五感挑战

你的每周购物清单

（珍妮和蕾妮的建议）

对大多数人来说，为达到不同类别食物的平衡，应关注一天或一周的饮食情况，单单一餐的食物参考性较弱。

以下的食物分量标准旨在为您提供方便的指导，请根据个人情况做出调整。对于大多数人来说，对食物分量不必严格称重或按医生处方般执行。

值得注意的是，建议你将自己喜欢的、方便准备的食物加入购物清单。冷冻食品或水浸罐头食品尽管不是新鲜有机的食物，但其营养成分并无差异，而且还能让你减少食物浪费，方便您在工作忙碌时食用。

查看食物包装正面的标签，找到表示脂肪、饱和脂肪、糖和盐的标签。健康均衡的饮食也避免不了有时会摄入高脂肪、高糖或高盐的食物，比如巧克力、薯片或蛋糕，但如果摄入的量不大、频率也不高，应该也没关系。

想一想你通常在一周里都会吃哪些食物，列在下面。

食物清单：

_____

_____

_____

_____

_____

_____

_____

_____

_____

_____

_____

请根据后文列出的食物颜色对应关系,用相对应的彩色笔将你列出的每一种食物标记出来。

你上周是否做到了食物多样化?如果你列出的食物清单并没有覆盖建议的每一种食物,不必感到灰心。该练习旨在发现你的不足,并促使你加以改善。

回看你的清单,上周你有哪些种类的食物摄取还不够?以此为依据,列一份下周的购物清单,同时参考蕾妮的食物摄取建议,争取每一条都做到。

你上周吃过富含碳水化合物的食物吗？

富含淀粉类碳水化合物的食物包括土豆、面包、大米、意大利面、早餐谷物、燕麦、蒸粗麦粉和面条。每天三四份，可选择全麦食品以获得额外营养纤维素。

以下是一份量的标准：

◎两把干意大利面或大米。

◎一英镑硬币粗的一小把意大利细面条，可用手指和拇指来测量。

◎两手一捧量的煮好的意大利面或者米饭。

◎拳头大小的烤土豆。

◎三把早餐谷物。

在上周吃过的含淀粉类碳水化合物的食物旁打上棕色的钩✔。

你上周吃过各种颜色的水果蔬菜吗？

本节的内容能帮助你回忆吃过的果蔬。建议摄取多种颜色的蔬果，每天五份以上。

以下是一份量的标准：

◎大约一只手摊开的果蔬。

◎ 150毫升（一小杯）的果汁或奶昔、冰沙类饮品，如选择果汁或奶昔，每天不要超过一杯。

根据果蔬颜色的对应关系，用彩笔标记你上周吃过的每一样果蔬。

你上周吃过含有蛋白质的食物吗？

含蛋白质的食物包括黄豆、扁豆、鹰嘴豆和其他豆类、鸡蛋、肉和鱼、肉类替代品，以及坚果、种子和鹰嘴豆泥。每天两三份，选择不同种类的蛋白质食物，每周可吃两份量的鱼肉（过敏和不爱吃鱼的人群除外），其中一份可以是油性鱼类，如三文鱼或鲭鱼。

以下是一份量的标准：

◎ 一块大约半个手大小的烤鸡胸肉或三文鱼。

◎ 两个煮鸡蛋。

◎ 200 克熟豆。

在你上周吃过的蛋白质类食品旁边标记黑色实心方块■。

你上周吃过乳制品或乳类替代品吗？

乳制品包括牛奶、奶酪、酸奶、奶油奶酪，乳类替代品包括豆浆、豆类酸奶和其他植物性饮品，比如杏仁奶。如果你更喜欢植物性乳类替代品，建议选择富含钙和其他营养物质的产品。乳制品或乳类替代品每天摄入两三份。

以下是一份量的标准：

◎ 一块约两个拇指大小的切达干酪。

◎ 约三茶匙软奶酪。

在上周你吃过的乳制品或乳类替代品旁边标记黑色空心

方块☐。

你上周摄入过优质脂肪吗？

优质脂肪包括坚果类、坚果油、食物种子、鳄梨和油性鱼。

在上周你摄入过的优质脂肪旁边标记上一个泪滴形状💧。

以上分量标准是基于英国营养基金会《膳食平衡，分量合理》（*Find Your Balance: Get Portion Wise*）指南制定，该指南基于成年健康女性的平均营养需求制定。

红色				橘色	
苹果	☐	西红柿	☐	冬南瓜	☐
甜菜根	☐	西瓜	☐	哈密瓜	☐
蔓越莓	☐			胡萝卜	☐
樱桃	☐			西柚	☐
石榴	☐			杧果	☐
萝卜	☐			橙色辣椒	☐
红球甘蓝	☐			橘子	☐
红葡萄	☐			番木瓜	☐
红洋葱	☐			桃子	☐
红辣椒	☐			南瓜	☐
大黄茎	☐			红薯	☐
草莓	☐				

黄色		绿色		蓝色	
香蕉	☐	苹果	☐	茄子	☐
蜜瓜	☐	笋	☐	黑莓	☐
柠檬	☐	鳄梨	☐	蓝莓	☐
菠萝	☐	西蓝花	☐	无花果	☐
甜玉米	☐	卷心菜	☐	李子	☐
黄辣椒	☐	芹菜	☐		
		西葫芦	☐		
		黄瓜	☐		
		绿豆	☐		
		绿葡萄	☐		
		青椒	☐		
		羽衣甘蓝	☐		
		猕猴桃	☐		
		生菜	☐		
		梨	☐		
		豌豆	☐		
		大蒜芥	☐		
		菠菜	☐		

规律饮食

我们时常发现自己一次次陷入吃或不吃的困境，实现均衡膳食的目标变得遥不可及。或许你度假归来看到冰箱空空如也，或许你下班后为了赶去听音乐会，顾不上吃饭，饿着肚子，却发现连垫垫肚子的零食也没有，或许你内心焦虑，茶不思，饭不想。

我们经常上一顿吃得太多，到了下一顿还感觉肚子不饿。你清楚地意识到，之前错过了正餐，现在饭点到了，多多少少应该吃点什么。不吃东西会带来负面影响，比如头痛、易怒、头晕或注意力不集中。

前文中我们已经讨论过了规律饮食的重要性，这不仅有助于控制血糖波动，还有助于保持身体最佳的激素反应。如果你本人经常错过正餐就索性不吃东西了，本节内容或许对你有所帮助。

问问自己

上周你该吃没吃的情况有多频繁？为什么？

_____
_____
_____

没吃饭让你有哪些感受或行为？记录下你的情绪健康温度。

_____
_____
_____

你该吃不吃的情况是否有某种规律？也许是每周都有一次严重超时的会议？要搭乘中午的飞机？又或者每周五晚上都要和朋友小酌？这些都会使你两餐之间间隔 6～8 个小时。

_____
_____
_____
_____

◆ 五感挑战 ◆

事先做好计划

在新的一周工作开始前,检查一下自己这一周的日程。用红笔标出有哪些时间你可能吃不上饭,建议每隔3~4小时进餐一次。这样做是为了提醒自己为这些时间段提前做好准备,以免挨饿。

◎如果你提前知道可能没办法去商店、咖啡馆或餐馆吃东西,请在家准备好饭,出门时带上。

◎如果预见到两餐间隔时间较长或轮班时间较长,又或者你下班后需要直接去健身房,请在包里备点零食,饿了可以垫垫肚子。

◎如果你到了一个新的地方或正在旅行,请花一些时间在网上查查有哪些可以落脚的地方,参照这些信息计划如何用餐。

想一想以上准备工作做与不做的不同之处,当一切安排妥当,你就可以专注于后续的工作任务了。

做了这些准备后,你的情绪健康温度有什么变化?请记录下来。

丢开不合理的饮食规则

究竟是吃肉还是不吃肉？

是选择植物性膳食还是非植物性膳食？

是偶尔禁食还是从不禁食？

一谈到应该吃什么，人们的看法莫衷一是，在众说纷纭中还能让自己吃上东西，实在是一个奇迹。反观我女儿，吃或不吃完全遵从自己内心的感觉，肚子饿了就吃，不饿的话多吃一口也不肯。如果她突然想吃甜食，就算翻箱倒柜也想办法解自己的嘴馋。如果她不想吃布丁，就算摆在她面前，她也碰都不会碰，并且丝毫不会感到内疚。

然而人们最初也都是像我女儿这样听从自己内心的感觉，满足身体的需要来吃东西的。那么又是哪里出了问题呢？对于许多人来说，随着我们长大成人，社交媒体和广告营销不断地向我们灌输所谓的正确饮食观点，这实际上使我们和食物的关系不断恶化。

人们习惯于给自己制定规则，而现实却是在贪吃和节食的怪圈里恶性循环，时而感到内疚，时而恬不知耻地满足口腹之欲。体重减了就兴高采烈，却又因为一时的破例自责不已，殊不知那些规则和目标原本就不切实际。

对于我的许多患者而言，食物只有两大阵营——要么好要么坏，要么信息透明要么具有欺骗性，要么在我计划里要么在我计划外，绝对不存在中间选项。他们眼中的所谓"好"的食物，就是给他们的感觉比较好，或者能帮助他们实现某种目标，比如让他们身材更好，自我感觉更棒，有时甚至仅仅是因为他们觉得这种食物很酷。

同样的道理，"坏"的食物就是那些会阻碍他们实现减肥健身目标成为潮人的食物。人们甚至给食物贴上道德标签——如果吃了所谓"好"的食物，自己也会变"好"；相反，吃了所谓"坏"的"不听话"的食物，意味着自己就要么"坏"要么"不听话"。

个人的品质为什么要由食物来定义？难道我吃了一块巧克力就成了坏人？因为忍不住想吃东西，就要背负"缺乏意志力"或"没有自控力"的骂名？

人们总喜欢制定一些死板而不切实际的关于饮食的规则，执行起来往往以失败告终，反而使自己和食物的关系越来越不融洽。一旦意识到自己触犯了规则，**哪怕一次**，我们也有可能就此旧瘾复发。

> **既然都破例吃了一个了，不如把剩下的巧克力都吃了。**
> **明天开始，我一定坚持'净化饮食'！**

一次又一次的"下不为例"打断了你的计划。正是这种"非黑即白"的思维方式使我们陷入如此艰难的处境，在暴饮暴食和规则之间循环往复。一而再再而三地破例让你的自控力越发"糟糕"，对你的自尊无疑也是很大的打击。人们仿佛陷入了一个恶性循环——承认自己的失败，自我放弃，胡吃海塞，事后又感到内疚，责怪自己自控力差，于是重提规则。

> **我连这点意志力都没有，我简直就是个废物。**

善良的家人和朋友对我们的认可，使我们更加难以摆脱这个恶性循环。每当你婉拒美味的甜点时，他们都会夸你有自制力。而每当翻看起社交媒体上自己保存的身材目标的图片时，你又不禁想起当初自己制定的减肥健身计划。

我们试图说服自己，现在吃的都是自己喜欢的食物，新的生活方式"不会很严格"。在别人眼里，我们"自律""自控力强""饮食规律"，而其实只有自己心里明白，维持这虚假的人设要承受多么大的压力。当你心想"不过是块巧克力蛋糕嘛,说不吃就不吃",毅然拒绝它时,这样一个看似轻松的决定在接下来一整天里都在不断地折磨你。有多少人确实把巧克力蛋糕让给别人吃了,后来却慌了神,甜食瘾犯了谁也拦不住,于是想尽办法找到其他甜食吃了起来。接下来当然就是"我吃了不该吃的东西,我搞砸了,那不妨继续吧",于是开始胡吃海塞。没一会儿工夫,内疚感窜上心头,你开始厌恶自己,自尊心受挫,最终彻底接受自己"意志力和自控力不够"的事实。

读到这里,你可能会想:"真幸运,我和食物的关系还算融洽。"即使这样,我依然建议你做一做后面那个"你喜欢哪些食物?"的练习,因为对于有些人来说,自己是否存在饮食限制的情况,并不是那么显而易见。

问问自己

摒除杂念。想象一下,我临时邀请你来我家吃晚饭,你对晚上吃什么完全不知情,我家里有什么咱们晚上就吃什么。

听到这里你感觉如何？记录下你的情绪健康温度。

_____

_____

你脑子里最先冒出来的想法是什么？你会为了这顿意料之外的晚饭而在白天有意控制自己的饮食吗？或者逼自己去健身房先消耗掉一些热量？

_____

_____

我家里没有开放式厨房或客厅，这也就意味着你完全看不到我做饭的过程。直到上菜的前一刻你都不知道会吃到些什么，我做菜的过程中加了多少脂肪你更是无从知晓。现在，抛开可能存在的食物过敏和不耐受症，你会吃我做出来的东西吗？面对食物烹制过程中的"未知因素"你有什么想法？

_____

_____

记录你现在的情绪健康温度。

_____

_____

你头脑里是否已经开始在酝酿，回到家"该做哪些事"

来弥补这顿意料之外的晚餐的损失?还是你能欣然接受,这只不过是"再寻常不过的一顿饭"罢了?

___

一部分人可能已经开始担心,如果面前是满满一盘的碳水化合物该怎么办?

如果确实如此,你会怎么做?

___

你可能会担心,如果做菜时加了太多的油怎么办?

如果确实如此,你会怎么做?

___

你可能会担心,如果这顿饭的蛋白质含量不够怎么办?

如果确实如此,你会怎么做?

___

你可能还会担心，如果这顿饭一点蔬菜都没有怎么办？如果确实如此，你会怎么做？

_____

_____

_____

你的回答是否把你自己都吓了一大跳？

这样一个简单的练习能够帮助你认识到自己对食物的偏见，看清那些你自己有意无意为自己的饮食制定的规则。我们在这里说的只是一顿饭，你其实从早晨睁开眼一直到晚上入睡前都受到这些规则的影响，有时甚至整夜担心无法入眠。

这些规则意味着什么

食物对我们来说十分重要，是人体的能量来源。它不仅能够满足人体每日机能正常运作的能量需求，使我们的身体保持在最佳的健康状态，还会对人的心理健康造成影响。人与食物的关系还会影响我们生活的方方面面，包括家庭关系、朋友交往、工作和社交。就像在前几页里假设的请客吃饭的情景一样，你的害怕正是来自计划之外的食物，这会打击你和男朋友或同事出去享受美食的积极性,甚至在看电影时你也不会跟朋友一起吃爆米花。长此以往,你会错失一些放松自己以及工作和社交的机会。由于你开始害怕外出就餐,每当朋友和家人邀请你参加聚会,你可能都会拒绝。即便迫不得已要出去吃饭,为了掩饰你的饮食问题,你可能会事先查清菜单内容,跟朋友去哪吃、几点吃都由你说了算。表面上看起来你好像从容自若,对桌上的饭菜是来者不拒,这充分印证了你灵活的饮食习惯,而事实上,为了这么一顿饭,你会在别人看不到的地方努力补救——比如上一顿饭少吃或不吃,只为能"一会儿可以没有顾虑地吃",或者加大第二天早上健身课堂上的训练量,以消耗多余的热量。

人与自己、自己的饮食和自己的身体这三者之间的关系可以说是贯穿一个人一生的最复杂的关系。每天和形形色色的患者打交道,我目睹了太多人因为处理不好这个关系,导致家人失和,朋友离开。

问问自己

想知道自己和食物的关系是否存在问题,请你问自己以下几个问题:

早晨醒来，你吃的是自己真正想吃的东西，还是你认为自己应该吃的东西？

_____

_____

_____

一顿饭吃完后，你是否很少感到满足？于是马上开始计划下一顿饭吃什么或者吃什么零食？

_____

_____

_____

你会因为吃了某一样或某一类特定的食物而感到内疚吗？

_____

_____

_____

你是否会把食物分成"好的"和"坏的"？

_____

_____

你是否会在吃饭前向别人表明自己的态度？比如"今天我要严格遵守饮食计划"，或者"今天我表现得很不好"。

　　点完餐以后，你会一直盯着对方点好的食物看吗？心里会想着"要是我也能吃这个（你超想吃的东西）该多好"吗？

　　你会严格记录一日三餐吗？这些记录是否会决定你最终是否有资格吃什么东西？

你是否会在外出就餐前疯狂地搜索菜单内容但不是出于好奇、兴奋、饮食不耐受或个人偏好的原因？这是不是在很大程度上影响了你能否出去约会？

_____

_____

_____

你是否会在吃了某些食物后"采取补救措施"？你对自己说"由于前一晚上破戒了，今天只能吃×××"，或者告诉自己到了健身房需要增加训练量，或者跑跑步把多余的热量消耗掉。

_____

_____

_____

_____

◆ 五感挑战 ◆

食物想法日志

在接下来的 24 小时里，把你任何有关食物的想法都记录下来，即使只是一个转瞬即逝的念头也不要放过，将它们填入下面的日志。这个想法让你有什么感觉？在相应位置填入你的答案。如果这个想法让你感到痛苦，例如，我真后悔午餐时没吃那个巧克力蛋糕，把它记在第一列。如果这个想法令你感到积极，例如，我一想到今晚出去吃东西就很兴奋，把它记在其他列。

食物想法日志

24 小时结束后，回看日志。

你对食物的想法主要是消极的（红色）还是积极的（蓝色）？

_____

_____

与食物相关的想法比你预期的多还是少？

_____

_____

问问自己

想象下图的大脑代表着你一天所有的想法。假设一天的想法是百分之百，用阴影表示你一整天有关食物想法的占比。

除去关于食物的想法，你是否还有其他方面的想法？哪些想法占据了你的大脑？是关于家人、人际关系或者工作的想法吗？这些想法占比多少？你是否因为总是想着食物而忽略其他方面的想法？

_____

_____

_____

_____

当你意识到自己又开始冒出关于食物的想法时，停止这种想法，问问自己，真正值得你关心的是什么？

你希望自己的大脑更多去关注哪些方面呢？

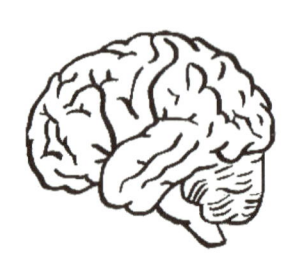

如果你脑子里整天想的都是食物,却忽略了其他方面的想法和身边的人,那么请想想生活中有哪些积极向上的东西,让你被食物障目视而不见。暂且把卡路里之类的抛在脑后,想一想其他事情能为你带来什么,比如和爱人一起吃个早午饭,或者中午和同事共进午餐,这些事情可以让你开怀大笑,人际交往更顺畅,工作关系更融洽。

规则从何而来?

对于饮食,你有哪些具体想法?

_____

_____

_____

_____

你也许会发现,关于你可以吃什么,不能吃什么,总是围绕着一些共同的主题。

"我不能吃这个,因为这全是碳水化合物,下周我还要美美地去度假呢。" 或者 **"我不能吃蛋糕,因为里面含糖。"**

什么时候吃饭,去哪里吃,和什么人一起吃,你也许都有自己的一套规则。

"我不能吃甜点,否则大家都会觉得我贪吃。" 或者 **"这是健身后我才能吃的东西。"**

回忆一下,一开始你和食物的关系是怎样的?年轻时,食物对你来说意味着什么？以前在吃东西方面你是否随性而为？那个时候你的饮食是否既灵活又多样？

_____
_____
_____
_____

过去是否有关键的事件使你改变态度，开始对自己的饮食制定规则，进而改变了自己和食物的关系？是成长过程中那些来自家人、朋友、老师、同事甚至陌生人的评价吗？

_____
_____
_____
_____

在下一页的时间轴中填入这些关键回忆，并记录每一段回忆的情绪健康温度。比如在婚礼上，和家人朋友一同就餐的欢乐时刻，那里有你尽情享受美食的美好回忆——尽管那些回忆可能稍纵即逝。把这些记忆标记为蓝色。又比如你十几岁的时候，午饭时间吃薯片时你被同学叫作"胖子"，把这些关于食物不好的回忆标记为红色。

想一想，在你成长过程中，某段记忆是否塑造或改变了你对食物的态度？是朝着更积极的方向还是朝着更消极的方向?

　　食物想法时间轴

出生 | 回忆：
　　　_____

　　　情绪健康温度
　　　想法 / 感觉 / 行为
　　　_____
　　　_____

　　　回忆：
　　　_____

　　　情绪健康温度
　　　想法 / 感觉 / 行为
　　　_____
　　　_____

　　　回忆：
　　　_____

　　　情绪健康温度
　　　想法 / 感觉 / 行为
　　　_____
　　　_____

```
回忆:
_____
情绪健康温度
想法/感觉/行为
_____
_____
现在 ↓ _____
```

苔丝的故事

苔丝向我描述说，每次下班回家她都觉得压力特别大（情绪健康温度记为红色）。她往往一进家门二话不说就跑到零食柜旁边，狼吞虎咽地吃光满满一抽屉的零食。虽然一开始她会告诉自己"不能吃饼干"，因为饼干"不好"，但她最终还是会说服自己"我都累了一天了，吃点饼干犒劳犒劳自己无可厚非嘛"。起初，吃平时自己明令禁止的饼干的确会令她感到很快乐，饼干好吃，也能让她暂时忘记一天的疲惫，不过当内疚感和自我厌恶的情绪涌上心头，一切快乐都消失殆尽。"我表现得真差，一点意志力都没有。唉，我又搞砸了，接下来我还不如去吃屎呢。"而正是这种想法最终导致她暴饮暴食,甚至吃饱了也停不下来。随之而来的是更多的自我厌恶情绪,她也会在第二天继续惩戒自己。

苔丝回忆说,在她还是个孩子的时候,每当她在学校遇到了不顺心的事,放学哭着冲进家门,妈妈总会鼓励她去吃点"好的"。她坐在那里狼吞虎咽地吃着零食,妈妈则会在一旁安慰她说:"一切都会好起来的。"大多数情况下妈妈都是对的,到了第二天,苔丝感觉好多了,前一天和朋友的小分歧也都抛在了脑后。苔丝满二十岁不久,母亲离开了她。在这之后她离开了家,和妈妈的厨房谈话也成为过去,但她每次拿起无人接听的电话大声抱怨一天的经历时依然能感到些许安慰。

我和苔丝聊的第一个话题,就是她把"伸手去拿食物"看作"是自己缺乏自控力的表现"。她慢慢认识到,自己是在母亲去世后不久才开始陷入暴饮暴食和节食的恶性循环的,她的这种改变不全是因为食物,也不能简单地归咎于"缺乏意志力或自控力",这些她在食物方面表现出的行为背后有着更加深层次的原因。

我和她都承认,每当苔丝感到有压力的时候,和妈妈坐下来聊一聊,吃一包饼干,对于缓解她的情绪压力确实很有效,这能使原本内心煎熬的她如释重负,情绪健康温度也从红色降到了蓝色。然而对于母亲去世这件事,直到现在她也没有放下,遇到压力时,她还是习惯去寻求过往经历带给她的慰藉，虽然和妈妈坐在橱柜旁吃饼干或者打电话再也不可能实现，但这小小的饼干仿佛承载着她对过去、对母亲的眷恋，使她久久不能忘怀。

母亲去世就已经够难的了，再加上长期以来受到社会和市场价值观的影响，苔丝已经习惯于把饼干这类食物看作是"不好的"，在十几或二十几岁的年龄有意识地限制自己吃这些食物。但是每当她抵挡不住诱惑，允许自己"破坏规矩"吃一块饼干时，接下来肯定会暴饮暴食。事后她又会为自己的所作所为感到自责，情绪也更加低落。

"我依然会感到有压力，吃完了一整包饼干，我甚至感觉更糟，觉得自己一文不值。"

苔丝还说，她其实"根本不饿"，于是不断地责备自己，身体也感到十分不舒服。而这些感觉最终让她感到比暴饮暴食之前更有压力。

对苔丝来说，热门杂志上诸如"你如何了就怎样怎样"的文章对她没有起过任何作用，比如《如何控制你的欲望》(*how to control your craving*)。尝试去理解自己的内心究竟在寻找什么，这才是她真正需要做的事。还有一点很重要，她需要和过去的自己和解。如果还像过去那样把食物打上所谓"好的""坏的"标签，当真正因为渴望母亲的慈爱和怀念过去而吃"坏的"食物时，又会觉得自己"没有自控力"，使原本脆弱的自尊心更受打击。她其实完全可以用更同情的眼光看待自己，承认自己可以有软弱的时候，她完全可以对自己说"我都累了一天了""这种时候真想念妈妈啊，她总会说很多暖心的话"。

和苔丝敞开心扉聊了这么多，她终于愿意去正视，一直以来给食物打上人为的标签对她有多大的危害。又过了一段时间，她理性地认识到，食物本身没有什么好坏之分，而从小到大，媒体和广告却一遍遍向她灌输这个概念。她开始质疑自己关于食物非黑即白的思维方式，这就削弱了她原来赋予食物的道德价值。吃掉一块饼干时，她心里想的是"这不过是一块饼干而已，饼干不坏，吃了它我也不坏。"她不会再因为吃了饼干就开始自责，更不会再破罐子破摔，索性把一整包饼干都吃光。

苔丝也开始重新评估自己对压力的反应。她逐渐意识到，她真正渴望的是过去母亲慈祥的开导。虽然吃饼干能让她想起母亲还在的日子，给她暂时的鼓舞，但这毕竟不是长久之计，因为她内心的饥饿始终都没有被满足（一种未被满足的情感需求）。因此，我们就"辛苦工作了一天，她能够向谁倾诉？"这个问题绘制了思维导图，得出了合适的人选——苔丝的三个关系不错的朋友，她们可能会愿意一边吃饼干一边倾听。这就意味着，下次苔丝感到有压力的时候，她完全可以去找朋友倾诉，而不是把这一切都憋在心里默默回家。如果遇到困难，她可以马上去见朋友，在和朋友交谈后压力会减轻许多，心情也会更加平静，这样当她回到家后，想要靠暴饮暴食发泄情绪的冲动也就不那么迫切了。

捕捉到你在给食物贴标签

你是否曾执迷于给食物贴标签，如同落入陷阱般不能自拔？你是否要么"吃个精光"，要么拒之千里，而实际上日思夜盼希望能吃上一口。当你实在嘴馋，偷吃了"禁果"，真的是因为肚子饿得头晕，想满足生理上的饥饿？还是因为内心烦躁不安备受煎熬，满脑子想的只是这种食物想满足心理上的饥饿呢？

我在二十几岁时，在健身过程中遇到了瓶颈，于是请了私人教练，希望能得到一些启发。刚开始我还不知道我的饮食也被包括在训练内容里，后来还是按照要求，记录下一周的饮食清单，在下次课上交给了教练。

"你吃的水果也太多了！"

"吃太多水果不好吗？"我问教练。

"当然不好，水果里全是糖。"

说完，他拿起红笔在我的清单上勾勾画画，又给我提了一些改进意见。新的"饮食计划"上一种水果都没有。回到家，我告诉丈夫我们的"整个饮食结构"是错的，水果盘也马上被收了起来。在接下来的几年里,我都听从教练的话,他说的"坏的"食物我碰都不碰,转而吃他认为"好的"替代品(大多都淡而无味)。

这段和教练的对话对我产生了很大影响,无论吃东西还是买东西,我都会想起。我从小都喜欢吃的水果,现在一提到它我却感到害怕,如果忍不住偷吃水果就会非常内疚。

在我怀孕后事情有了转机。大多数教练建议我吃的替代食物都不适合孕妇,这让我不禁开始思考,为什么我连水果这样再自然不过的食物都不能吃呢?思来想去,我最终只能得出一个合理的解释——这是别人告诉我的,而非事实就是如此。孩子的心灵比较脆弱,容易受到外界的影响,我就更不想在女儿面前把水果妖魔化,当她问起为什么我家从来不买水果或者不让她吃水果时,我可不想因为找不出合理的解释而一时语塞。更重要的是,我不想让她因为我的缘故而给食物贴上所谓的标签,甚至赋予食物道德标准。

你是否曾经因为自己吃了所谓"坏的"东西而责怪自己,或者因为自己在饮食方面表现"好"且能抵制诱惑而表扬自己?哪些外部因素让你制定了关于饮食的规则?

食物对我们来说十分重要,是人体的能量来源。它不仅能够满足人体每日机能正常运作的能量需求,使我们的身体保持在最佳的健康状态,还会对人的心理健康造成影响。

◆ 五感挑战 ◆

挣脱束缚

我们每天接触到的隐性或显性的信息，会进一步强化我们对某些食物的标签化认识，仿佛吃或不吃都更有依据了，比如在辛苦工作一天后，朋友提议说"让我们犒劳犒劳自己"或"今天就放纵一下"，或者你读到社交媒体上一篇极力妖魔化某种食物的新帖子。如果长期受到外界信息的影响，我们这些执念会变得越来越强烈、越来越根深蒂固，难以纠正。这种问题该如何解决呢？切断信息源头不失为一种行之有效的方法，这样我们就不会再受这些信息的影响，从而挣脱束缚做回自己。

取消订阅和饮食文化有关的电子邮箱推送或社交媒体信息服务。不要再把你的钱浪费在这上面，它们一味标榜自己是饮食文化潮流的代表，给你许下各种不现实的承诺，却对你没有任何帮助。如果你没办法特别自信地做到这一点，可参考第三章嗅觉的"嗅出胡说八道"。

管理好你在社交媒体上发布的内容。你发布的内容是不是适用于所有身材类型？你的动态和朋友圈是否大部分都是食物照片和饮食方案？朋友圈能否呈现你个人的全貌？你个人的价值是否由你吃什么来定义？你在社交媒体上发布的内容应该反映你个人生活的方方面面。

不要给食物赋予道德价值。当你感到被规则束缚时，勇于质疑规则。站在熟食店前的你，看着美味的馅饼，垂涎欲滴，但最终还是选择了沙拉，只因为这份道德感作祟，你希望自己"表现好"。这时候你就要勇敢地告诉自己"我的价值不是由食物来决定的"。

朋友或家人在意你什么？简历会要求你提供身体指标数据吗？我们吃的食物几乎也是我们自身身份的一种延伸，但当谈到个人品行时，真的会有家人或者朋友把你吃的东西、你的长相和体重作为关键特征拿来讨论吗？难道他们会说"她真的很棒，工作做得好，饮食有节制，身材也很棒"？

同理，如果你去应聘工作，有几个老板会感兴趣你"吃不吃碳水化合物"并基于此对你做出判断？你的饮食选择和你是否能胜任某项工作之间的关系也不大吧？既然别人都没有把你吃什么作为评判你的依据，你自己又何必这样呢？

如果你需要一些东西来告诉自己该吃什么该吃多少，丢掉那些东西。

问自己以下几个问题：

◎你是否过度依赖某些手机应用？请卸载记录你一日三餐数据的应用，否则你每吃一口都要有交代。

◎你是否过度依赖减肥计划？请调查一下，该减肥计划是为你量身打造的，还是适用于所有人？是谁为你制订的这个减肥计划？你见过这个人吗？该减肥计划仅仅是基于"人人都想拥有穿比基尼的身材"或是"人人都想甩掉圣诞节吃出来的肚腩"这种想法吗？

◎你是否过度依赖厨房秤？不到万不得已，尽量少用厨房秤。厨房秤是用来控制菜谱成分分量的，而不是用来控制你的食量的。

◎你是否过度依赖浴室秤？你会让体重数字来决定你接下来一天饮食的内容和分量吗？若情况属实，丢掉体重秤。

◎你是否是衣橱的奴隶？有多少人是因为衣柜里的衣服不合身了才开始节食的？请选择尺码合适的衣服，如果衣服总是让我们承担责任，提醒我们该做什么，就应该扔掉这些衣服，因为你会觉得"这些衣服我穿不进去了，所以我太失败了"。

反思一下，为什么以上这些东西具有如此强大的力量，甚至简单粗暴地用一个个数字来定义你的存在。作为一个独立的个体，所有你身上美好的品质在体重秤厨房秤上的数字面前都显得暗淡无光。你是否有思想、是否勤奋努力、是否有爱都不再重要，只有体重秤上的数字变小才是最重要的，对吗？你自己也知道这些言论是多么荒唐。

让你马上改掉这些习惯，可能不是件容易的事。

建议你循序渐进改变这些习惯，最终完全挣脱以往的束缚。具体做法请参考第三章嗅觉的"成功的美妙气味"。

药物和保健品的误区

酒精

越来越多的人选择滴酒不沾的生活方式。英国国家统计局（Office of National Statistics）报告称，自 2005 年以来，16 至 44 岁的英国人中不喝酒人群的比例有所增加，2017 年这些人中的 20% 自称从不喝酒（达到了惊人的 1000 万人）。虽然不喝酒人口增长的原因尚不清楚，但据推测，其原因可能是越来越多的人意识到了酒精的危害，社交平台上人们对幸福和健康的推崇，以及酒类许可证制度的调整，等等。

我的许多患者都说酒精会放大他们内心的感觉。当他们和好朋友聚在一起，感到开心的时候，喝酒能让他们感到更加愉悦，打消人与人之间的隔阂，变得放松自信。然而，当他们情绪低落时，喝酒会让他们的情绪更加坠入低谷。

酒精是一种镇静剂，然而对一些人来说，它却会加剧压力和焦虑。酒精会影响你的思维、感觉和接下来的行为，它还可能致使一些人患上慢性情绪低落和焦虑症。

> 一想到酒精，你有什么感觉？记录下你的情绪健康温度。

如果你平时喝酒的话，你喜欢喝酒吗？你是只在社交场合喝酒的人，还是几乎天天都喝酒？你有时候是不是被迫喝酒，而内心却不想喝？

佩妮的故事

佩妮不久前才开始在伦敦金融区工作。大学时她曾经经常喝酒，但参加工作后，与客户共进午餐和下班小酌时，她发现自己喝酒喝得更频繁了。虽然喝完酒她会感觉更加自信，尤其是在遇到新朋友时，但每天喝酒不免还是对她产生了影响。她发现自己睡得很不安稳，一觉醒来仍然感觉昏昏沉沉的，第二天工作时也"不在状态"。她发现自己行动变得迟缓，确定自己比以前更焦虑了。佩妮自己也觉得不是每一次都能决定不喝酒。她虽然对酒精并没有上瘾，但总会感觉到来自别人的无形压力，觉得是别人想让她喝酒。她不愿面对别人问她为什么不喝酒时答不上话的尴尬处境，所以别人只要一敬酒，她就会接过酒杯，完全不顾及酒精会让自己有什么感觉。

我询问了佩妮关于喝酒的问题，她说她宁愿不喝酒。

佩妮告诉我，她担心自己不喝酒的话，别人会觉得她招待客户不够投入，或者会觉得她很无趣。她自己的结论是，没有任何人真正对她这样说过，这都是她自己的想法。

我问佩妮，为什么她觉得如果不喝酒别人会有那些想法。她告诉我，在上大学时，她每次拒绝喝酒都会被同学称作"讨厌鬼"或"扫兴鬼"。她还发现，除非有酒精的作用，否则她不是特别善于交际。佩妮认为，为了在别人面前显得有趣，也为了不让谈话枯燥乏味，她需要借着酒劲来壮胆。她说，有时会约朋友在白天见面，但因为没喝酒，实在没什么话题可聊。种种因素使她深信，自己只有在喝了酒之后才会变得有趣。

反思了佩妮的经历之后，我们认为这些友谊并不是真正意义上的友谊，而是建立在喝酒这个共同的兴趣上的。喝完酒的他们，即使面对无聊的事，也能开怀大笑，怂恿对方一饮而尽，旁若无人地尽情跳舞。但从根本上来说，他们的相似之处也就止步于此了。在白天头脑清醒的时候，她发现自己无法和这些人相处，倒不是因为她不喝酒会令人扫兴，而是因为酒精掩盖了这种友谊中本身就存在的缺陷。

从佩妮的经历中我们发现，清醒时的我们和喝过酒的我们呈现出两种截然不同的状态，而我们酒后的状态可能有人会喜欢。一旦没有了喝酒这个共同的兴趣，我们的不安全感就加剧了。这也引出了这样一种观点——喝酒往往是为了迎合别人的需求,而不是我们自身的需求;直觉告诉我们不要喝酒,可我们却对此毫不理会。最终这只会让你对那个削弱了你决心的人心怀怨恨,对自己没有坚持自我感到失望,这种感觉困扰着你,直到宿醉袭来。

> **问问自己**
>
> 你喝酒吗?你有没有注意到,酒精对你产生什么作用取决于你和谁喝酒,以及你喝酒的意愿?
>
> _____
> _____
> _____
>
> 如果你发现自己经常屈服于同伴的压力而喝酒,那么是什么阻碍了你坚持自我呢?
>
> _____
> _____
> _____

为什么会有人强迫你喝酒？

通常情况下，其他人坚持让你喝酒很可能源于他们自身的偏见。他们可能认为，**如果不喝酒，就没法彻夜狂欢**；或许他们希望你喝酒后会做出某种行为，而如果你选择保持清醒，那就另当别论了。他们会说"**如果你不喝酒，怎么玩醉酒卡拉OK呢？**"又或许你保持清醒对他们来说是一种威胁，只有他一个人醉了，你会怎么看他？别人会怎么看他？他可不想被肆意批判。成功强迫你"只喝一杯"后，他们感觉很放松，因为劝酒行为畅通无阻，否则如果你保持清醒劝他们喝酒的话，他们也得保持警惕。

如果他们都不喝酒，我是不是也应该不喝？

如果他们担心饮酒的负面结果，我是否也应该担心呢？

面对这种情况确实很难处理，尤其是建议不喝酒的并不是他们。不想喝酒的是你，你间接提出了这个想法，并且暗示他们自己不想喝酒。

• 五感挑战 •

喝酒还是不喝酒，学会委婉地拒绝

自己本来不愿意喝酒，但最终还是屈从了别人的劝酒，这种情况你经历过吗？你考虑过这样做对自己情绪的影响吗？你是不是知道，接下来你会整晚焦虑，第二天以宿醉来为自己的行为买单？

当你再遇到这种情况时，如果你犹豫不决，请暂停并整理一下自己的思绪。问问自己：

我为什么要喝酒？

_____

_____

我喝酒是为了自己吗？

_____

_____

还是为了迎合别人？

_____

_____

> 这次喝酒让我有什么感觉？记录下你的情绪健康温度。
>
> 请记住，迎合别人，别人高兴了你就高兴或者如释重负，这不能算作你"是为了自己而喝酒"。
>
> 如果你不是为了自己而喝酒，想想这样做可能产生的后果是什么——这会让你感到头晕目眩甚至情绪低落吗？这会让你第二天起不来床，耽误送孩子上学吗？

灵活应对他人劝酒

"你想喝一杯吗？"许多人都被这个看似无法回避的问题所困扰，而一开始就拒绝参加这类可能会有酒局的社交邀请，不失为一个好办法。

不管是去见好朋友，出于工作关系还是参加聚会，如果你决定了不喝酒，那就坚持到底，并时刻提醒自己你心意已决，不会为了迎合别人而改变这一点。

思考必须喝酒的压力是显性的还是隐性的。显性的压力表现为，有人二话不说，直接把酒杯塞到你手里，让你"干了"；而隐性的压力表现为，你假定周围的人注意到你不想喝酒并对此提出异议。

如果有人怂恿你喝酒，或者追问你为什么不喝酒，态度强硬一点。你不必编出各种理由来解释，这只会让别人觉得你是在找借口，而且并不坚定。如果对方不依不饶，礼貌重申你的态度，千万不要因为有压力而动摇。

当你感觉这种情况令你感到不舒服，不论你和对方关系如何，你都有权利选择离开。没有非喝酒不可的场合，而且我们有权做出自己的决定，周围人也应该尊重我们的决定。你不必强迫自己做出违心的决定，过往的经历让你清楚地知道，在这种情况下接过酒杯只会让你感觉更糟。

咖啡因

咖啡因可以说是世界上使用最多甚至最被滥用的药物。包括我在内的很多人都每天摄入咖啡因这种兴奋剂，以时刻保持敏锐的意识、良好的状态以及提升自己抗疲劳能力。咖啡因不仅存在于茶和咖啡中，也存在于功能饮料、可乐、巧克力、蛋白质补充剂和能量凝胶中。即使是所谓无咖啡因的茶和咖啡替代品也含有少量的咖啡因，一杯无咖啡因饮品中的咖啡因含量是普通咖啡的 30%。

在和患者聊天后我发现，除电子产品外，咖啡因是导致失眠的另一个罪魁祸首。日光的消失以及大脑产生的一种名为腺苷的化学物质会让我们开始有困意并进入睡眠。腺苷会与大脑中的微位点（或腺苷受体）结合，使我们产生强烈的睡意。然而，咖啡因会阻止腺苷与腺苷受体的结合。这意味着腺苷会持续在你的大脑中积累，无处可去。最终，当咖啡因被身体系统代谢而在我们体内的含量急剧下降后，腺苷受体就会与大量腺苷相结合并达到饱和，催生出无法抵抗的疲劳感和睡意，这就是所谓的咖啡因崩溃后遗症。

就我个人而言，我必须控制好自己喝咖啡的量。每天喝 2～3 杯茶或咖啡对我来说刚刚好，如果超出了这个量，哪怕一杯，都会让我感到紧张不安，难以入睡。相比之下，我妹妹习惯于晚餐后喝一杯浓缩咖啡，这似乎对她的睡眠没有任何影响。

这里再次邀请蕾妮分享她的专业见解。

你对咖啡因怎么看？我们应该不摄入还是少摄入呢？

蕾妮：这在很大程度上取决于个体差异，不同人身体对咖啡因反应的强弱不同，一部分人相较于其他人更容易代谢咖啡因。你深夜喝的咖啡，其中一半的咖啡因需要 7 个小时才能被身体代谢。因此深夜喝咖啡对一些人来说简直是灾难，会使他们意识清醒难以入睡，而对另一些人来说几乎没有影响。如果你属于前者，计划晚上 10 点睡觉，那么在下午之后的时间里最好就不要再喝咖啡了。

咖啡因有助于我们发挥出更好的状态。通常情况下，咖啡因需要 40 分钟才能在血液中达到峰值，因此建议你提前 40 分钟摄入，以帮助自己达到最佳状态。在运动时，最佳剂量约为每公斤体重 3 毫克。

来我诊所的很多人都认为咖啡因会使他们感到焦虑。是否有证据表明咖啡因有这种效果呢？

蕾妮：咖啡因会导致一些人心悸。有充分的证据表明，当摄入量超过每公斤体重 6 毫克时，咖啡因会对人体产生负面影响。其中值得关注的问题就是人们对功能饮料的需求增加，尤其是青少年群体。由于这些饮料中含有相当高剂量的咖啡因和糖，可能会导致血糖波动和心悸，这可能会导致与焦虑症状相似的症状出现并加剧焦虑症状。

> 在和患者聊天后我发现，除电子产品外，咖啡因是导致失眠的另一个罪魁祸首。

◆ 五感挑战 ◆

控制咖啡因的摄入

你需要隔多久摄入咖啡因？

_____

_____

  你会规定自己在某个时间点后就不喝含咖啡因的饮品吗?

_____

_____

_____

  如果你习惯于在下午或者晚上喝含咖啡因的饮品,想想你在喝之前、之中和之后有什么感觉。记录下你的情绪健康温度。

_____

_____

_____

  为了得出你摄入咖啡因的频率,分析为什么你会在某个时间想喝含咖啡因的饮料,请填写下面的咖啡因日志。想想你为什么喝?是为了让自己在工作会议前保持清醒吗?是因为一夜没睡好,需要它来给你提提神?还是只是约了朋友喝咖啡?又或者是因为你只是喜欢它的味道?

_____

_____

_____

记录摄入咖啡因前后的情绪健康温度。在紧张的小组会议（红色）前喝杯咖啡能让你更加专注吗（蓝色）？晚餐后和朋友喝杯浓缩咖啡（蓝色）会不会让你在睡觉前感到十分兴奋（橙色）？你的身体对咖啡因有什么反应？

时间	情景	咖啡因种类	饮用原因	饮用之前的情绪健康温度	饮用之后的情绪健康温度	想法

如果你发现自己在摄入咖啡因后，情绪健康温度一直显示为红色或橙色，或者你意识到自己只是因为习惯、拖延或无聊而想喝含咖啡因的饮料，建议尝试用无咖啡因的饮品代替。但是要注意，一些宣称不含咖啡因的茶和咖啡可能仍然含有少量咖啡因。你是否意识到，自己喜欢在深夜喝咖啡，实际上是大脑发出的一种信号，提醒你夜已深，该睡觉了？做别的哪些事情对你来说可能是更好的选择？回顾一下你的

> 晚间电子设备禁令，想想在入睡前，做哪些事情有助于你放松精神？
>
> _____
> _____
> _____
> _____

保健品

在市场营销的渲染下，规定饮食对人心理和身体健康的重要性甚至超过了我们的一日三餐，在这其中保健品的功效更是不绝于耳。过去四年的数据显示，英国维生素和保健品市场价值超过了 4.5 亿英镑，并且还在持续增长。近三分之二的英国人每天或经常服用某种类型的保健品。鉴于大多数人对保健品了解得并不多，我再次邀请到了蕾妮和珍妮分享他们的专业见解。

益生元和益生菌是否有助于增强人的认知功能，改善心理健康？

蕾妮：我认为当前的实验数据还无法做出确定的推断，而且相关研究还停留在小白鼠实验阶段。但是益生元的确对促进益生菌的生长发挥着不可替代的作用,其重要性长期以来被人们所忽视。有大量证据表明益生元和益生菌有助于促进结肠菌群的生长,这可以帮助人们促进消化,预防肠炎并有利于其免疫系统的健康。目前关于益生元和益生菌对大脑功能影响的研究还处于早期阶段,该研究领域潜力无穷,但目前还没有相关的人类临床实验。可以明确的是,肠道和大脑之间存在一条信息通路,被称为"脑肠轴",相关研究有待进一步开展。总而言之,服用益生元和益生菌并不会对人体产生危害,即使长期服用也不会有影响。

保健品起作用吗?

珍妮:我们除了需要在冬季额外补充维生素 D,通常情况下,我们所需的全部营养都能够从均衡多样的饮食中获得。然而,有一些特定人群需要进行营养补充。例如,素食主义者需要补充主要存在于肉和鱼中的营养,如欧米伽 3(必需脂肪酸)、铁、钙、维生素 B_{12} 和碘。如有疑惑,建议向健康专家咨询,了解你可能需要的保健品。

愤怒真好

愤怒会是一件好事吗？

愤怒作为一种情绪往往不受人待见。我的许多患者都说，他们感到愤怒的同时会觉得非常羞愧。他们认为愤怒是一种纯粹的消极情绪，表明他们没有决心、没有耐心或者失去了控制。虽然我们自己和周围的人都认为愤怒是消极的，甚至可能造成破坏，但愤怒对你产生的影响很大程度上取决于你如何回应它。愤怒在不同情况下传达给自己和别人哪些深层次的内容？在思考这个问题之前，首先让我们分析一下不同的人表达愤怒的不同方式。

把愤怒憋在心里的人

如果你是一个把愤怒憋在心里的人，你会沉浸于愤怒，反复思量，觉得自己被别人的所作所为伤害了，需要一些时间来消化情绪。你总是闭口不言，当别人问到你时，你可能会说自己没事，但实际远非如此。你可能会找一个安静的角落，仔细思考自己该怎么做，这可能会花上你几天、几周、几个月，有时甚至几年的时间去理解自己的真实感受。这样做可能会影响你的情绪和接下来的行动，最终你会在这个过程中受伤。

肆意宣泄愤怒的人

如果你是肆意宣泄愤怒的人，你会让别人清楚地了解你的感受；你可能会气急败坏地到处发脾气；你可能会明确地表达愤怒，告诉伤害了你的人，你"恨他们"或者"他们这样对你"有多可恶；你可能会在言语和肢体上变得好斗，甚至开始扔东西、搞破坏。于是大家逐渐忽略起初导致你愤怒的原因（被朋友或家人欺骗或晋升失败），反而是你肆意宣泄愤怒的行为最终成了人们关注的焦点，大家只看到你的"无理取闹"。

自我消化的人

这种类型的人可能会试图质疑或减轻自己的愤怒情绪；你或许会选择通过健身散步来纾解愤怒；你可能会诉诸抽烟喝酒这些帮助不大的方法，但你自认为这些方法能让自己镇静下来。然而，这样做的后果是，你会只要遇到类似的情形就抽烟喝酒，甚至觉得这些是帮助你解决复杂情绪的唯一方法。

虽然我们自己和周围的人都认为愤怒是消极的，甚至可能造成破坏，但愤怒对我们产生的影响很大程度上取决于我们如何回应它。

问问自己

你愤怒过吗？这种情绪对你来说意味着什么？是积极的还是消极的？

_____
_____
_____

想想自己为什么会感到愤怒。这是一种表达对自己失望的方式吗？是为了让别人知道，这是他们一手造成的吗？是为了对周围的人施加权力和控制吗？还是你发现自己只是毫无理性而无助地把愤怒情绪转移到无辜的旁观者身上，因为你无法把愤怒发泄到真正给你带来痛苦的人身上？

_____
_____
_____

你是如何表达愤怒的？是选择憋在心里、肆意宣泄，还是自我消化？

_____
_____

愤怒的情绪给你带来了什么样的感觉？愤怒会让你觉得自己失去控制了吗？自己的愤怒伤害了别人，你会因此而感到内疚吗？你是否会怨恨使你感到愤怒的人或事？

回忆一个令你感到愤怒、被某人或某事激怒的情境，比如别人在地铁上和你抢座位。记录你的情绪健康温度。你是如何应对这种情绪的？是憋在心里、肆意宣泄还是自我消化？

当你非常愤怒的时候，你希望得到什么？

"我希望通过发怒能……"
事情如你所愿了吗?

那个人向你道歉了吗?他是否也很愤怒并坚持自我维护?是否升级为一场恶语相向?

如果当时你应对愤怒的方式不一样,事情会不会朝着不同的方向发展?如果你心平气和地告诉对方你为什么生气,而不是一言不合就发脾气,对方是否会向你道歉,而不是执意自我维护?

把愤怒导向别人

愤怒是一种正常的人类情绪，但通常它也是对另一种潜在情绪或感觉的反应，即"到底怎么回事？"当有人伤害了你，或者你觉得自己受到了不公平的对待，你可能会在脑海中反复回想他们做过的事情，不停地思考原因，整天都把心思放在这上面。

◎他为什么不道歉？

◎他觉得什么事都没发生吗？

◎他会遭报应的。

当你不断期待对方向你道歉而无果时，你只会更生气。有一次，我丈夫把一堆脏盘子留在厨房水槽里，我看到了气不打一处来，但我可能就是那种习惯把愤怒憋在心里的人，于是我选择对他的所作所为保持沉默。即使给了他许多暗示，他仍旧我行我素，这使我更加愤怒。我开始怨恨他，不理他，消极反抗，把情绪咽在肚子里。但我没有意识到的是，在整个过程中，他根本就没感受到我的愤怒，受伤的只有我自己。而如果我当时选择主动告诉他我的感受"为什么你不把脏盘子洗干净，丢在水槽里是等我来替你洗吗"，告诉他我想要的解决方案"你要么自己手洗，要么放洗碗机里洗"，我就大可不必把情绪都憋在心里让自己遭罪了，我和丈夫的关系也不会受到我爱生气、爱消极抵抗的处理方式的影响了。

◆ 五感挑战 ◆

把握主动权

如果你发现自己一味想通过"报复"来发泄愤怒或解决问题，不如尝试从以下两个角度来思考问题：第一，我有多难过？（情感方面）；第二，我想要怎么解决？（实际想要的结果）。

分析性质：到底怎么回事？

我之所以会对丈夫感到愤怒，是因为失望，因为他觉得理所应当该我洗盘子。分析这件事情的性质可能让我不舒服，可告诉他正是失望使我愤怒，至少能让丈夫理解我的真实处境，而不是看着我发脾气并与我争执。同样的道理，即将举行婚礼的朋友没有选你当她的伴娘，你认为自己无形中被伤害被辜负，这些情绪才是导致你愤怒的真正原因。重要的是，你需要把这些情绪表达出来，否则它们就会被"愤怒"掩盖。

惹怒你的人知道你生气了吗？

　　主动和惹你生气的人沟通，不要指望他们有读心术。把心里的想法说出来，不要把情绪憋在心里。这既能避免你心生怨恨，也能让他们认识到自己对你的伤害，及时弥补自己的过错。

为什么这个人令你失望？

　　是因为你万万没想到他会伤害你吗？是因为他让你难堪了？是因为他辜负了你对他的信任？是因为作为你的朋友、家人、伴侣或同事，他触碰了你的底线？还是这件事让你想起过去伤害过你的人？

　　重要的是，你需要弄清楚为什么这个人的某种行为会让你愤怒。只有你自己心里明白的时候，才能够更好地与激怒你的人沟通，找出解决问题的办法——如果你希望一切朝着积极的方向发展的话。

◆ 五感挑战 ◆

学会不计前嫌

列清单

　　你需要确定为什么某些人的行为会让你生气，你继续不依不饶是为了得到些什么。分析这其中的利和弊，填入下表。

情况描述	继续生气的利	继续生气的弊

不要人身攻击

我们都有过和别人针锋相对、恶语相向的经历。原本一开始的分歧变成了私人恩怨，还没缓过神来就已吵得不可开交。一直辱骂惹你生气的人只会激怒对方，因为愤怒只会招致更深的愤怒。与其骂对方"你就是个白痴""你根本不配升职"，不如向对方清楚地说明自己的感受，因为这才能让对方理解你的处境，清楚他自己做错了什么，否则他们感受到的全是你的恶意。

◎ "你让我觉得自己像个傻瓜。"
◎ "我真的为这次晋升付出了很多努力。"

原谅或者忘记

对一些人来说，接下来的问题不太容易回答，但仍然值得一试。你愿意原谅他吗？你愿意不计前嫌，既往不咎吗？这种想法可以避免你把事情闹到不可开交的地步，也留给了双方真诚沟通的机会。

想一想，如果你一开始就接受现实，结果会不会不同？如果你当时不是一味地宣泄情绪，表现出一副疏远冷落的态度，事情可能也不会闹得这么僵吧？

扭转局面

愤怒能带来什么好处吗？因为晋升失败而感到愤怒，是否意味着你对升职的兴趣远比你一开始想象的要强烈？看到自己喜欢的人亲吻了别人，也让你有机会正视自己的情感，发现自己想跟这个人在一起。这也就是说，你完全可以把愤怒转化为动力，在下一次晋升时更加努力地争取，或者主动出击去约会那个人。

五感情绪锻炼
十周改善你的心理健康

第六章
五感计划:
五感合一
CHAPTER6

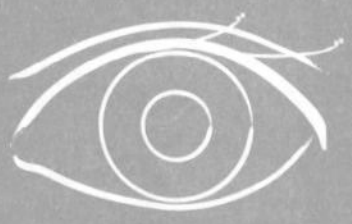

研究发现，如果每天不断重复一种行为，持续66天（大约10周），这种行为就会成为习惯，无须思考，我们就能够下意识地这么做。面对艰巨的任务，你可能会轻易放弃，但别忘了，困难的出现不是毫无征兆的，解决困难更不在一朝一夕。一分耕耘一分收获，每天坚持练习，一步一步建立起自己的自信心，久而久之习惯成自然。在接下来的几个月里，每天坚持自己的目标，只有耐心练习、持之以恒，才能成江河、至千里。

设立目标

想一想在接下来的10周里，你要给自己设定什么样的目标。回顾前几章我们谈到过的每一种感官，思考你会着重关注哪些比较困难的方面。哪些情况会经常导致你的情绪健康温度上升至红色或者橙色？

对于每一个困难，想想它分别所对应的感官挑战是什么？在接下来的10周里进行针对性的练习。将目标和挑战记录在后面的五感目标清单里。

制定具体的目标

请确保你为自己设定的目标是十分具体的。你可能经常对自己说，要更加自信，学会听从自己内心抗拒的声音，这样的目标纵然值得钦佩和肯定，但其实模糊不清，不利于你采取具体的行动，更难以对它们进行客观的衡量。人们总是希望在完成计划时看到自己付出了多少努力，取得了多少进步。因此，与其定下"我真希望自己能学会听从自己内心抗拒的声音"这样空洞的目标，不如改成"我希望在工作中，如果别人要求我马上去做某项工作而我的工作计划本没在手边时，我能够勇敢地说'不'"，这样的目标就显得更为具体可行，这才是你应该列在自己的目标清单上的内容。

在每个目标旁边留出空白，写出两个与之相关的感官挑战。以下是一个关于"听从内心抗拒的声音"的写法示例，仅供参考。

听觉目标： 我希望在工作中，当别人要求我马上去做某项工作而我的工作计划本没在手边时，我能够勇敢地说"不"	听觉挑战 1： 列出一份优先事项清单
	听觉挑战 2： 制定一份勇敢说"不"的清单

目标清单示例

重要的是你要认识到,虽然我们在本书中谈到的一些困难对现在的你来说可能还不算是问题,但你依然很可能在人生未来的某个时刻遇到这些困难。例如,有时你可能会感到动力不足,很容易受到社交媒体上信息的影响,或者与某人的关系陷入僵局。将来这些困难真的出现时,建议你仔细阅读一下与之相对应的感官章节,并相应调整自己的计划。

我建议你最开始给自己设定的目标不要超过 5 个。定期回顾自己取得的进步,这样你在彻底解决一个问题或者养成了解决相应问题的习惯后,可以继续去处理新的困难和挑战。

◎ 你可以关注某一种感官。

◎ 你可以关注五种感官都涉及的某个方面。

◎ 你可以在 10 周里着力解决一个对于你来说特别困难的挑战。

◎ 执行计划没有所谓正确或错误的方法,你完全可以参照本书为自己量身定制方案。

> 人们总是希望在完成计划时看到自己付出了多少努力,取得了多少进步。

目标清单

视觉目标:	视觉挑战1:
	视觉挑战2:
听觉目标:	听觉挑战1:
	听觉挑战2:
嗅觉目标:	嗅觉挑战1:
	嗅觉挑战2:
触觉目标:	触觉挑战1:
	触觉挑战2:
味觉目标:	味觉挑战1:
	味觉挑战2:

计划，计划，做计划

想想你在哪个时间段能静下心来专心做计划，以确定自己接下来几个月的目标。周日晚上合适吗？还是周五晚上下班后有空呢？

专门安排出时间来做计划,保证这段时间不会被其他事情打扰。

现在就在手机上新建待办提醒,提醒自己到时候坐下来做计划。这是一次与自己心灵的会面,必须按时赴约,就像你答应参加某次工作会议、约见医生或答应与朋友见面一样。手机备忘录格式为:

> 我要在'什么时候''什么地方''用多少时间'坐下来制订一个五感情绪训练计划。

着手去做

列出每天的五感日程,记录下情绪健康温度。

每天早晨

每天看看自己的目标。

把目标清单贴在醒目的位置,你可以把浏览这些目标作为每天早晨起来的第一件事,或者在早上喝咖啡时或者上班路上看也可以,想想这一天为了实现目标可能会遇到哪些挑战。早晨记录下你针对每一项目标的情绪健康温度,把将会遇到的阻碍也纳入考量。任何想法都可以填入每日备注一栏。

	每日备注	情绪健康温度
视觉目标:		
听觉目标:		

续表

	每日备注	情绪健康温度
嗅觉目标：		
触觉目标：		
味觉目标：		

每天晚上

一天结束的时候，回顾一下今天自己都有哪些收获。再看一下目标清单，哪个目标今天实现起来特别困难吗？如果确实有，具体情况是什么？你的情绪温度与早上相比是进步了（温度降低）还是退步（温度升高）了？或许是欲速则不达了？然而情况已然如此不理想，继续冒进或者自暴自弃都解决不了问题，我们应该退后一步冷静地反思，批判性地思考得与失，比方说，"进展确实不太顺利，但为什么会这样呢？这件事本来可以避免吗？明天或下周我可以做哪些改变来避免这种情况发生呢？"

你应该尽可能把这一类想法记录在每日备注中，为自己第二天的行动提前做好规划。这样做也有助于你学会为自己每天的小进步感到欣喜,因为我们往往一味专注实现最终目标,却忽略过程中那些小小的胜利。

每周回顾自己的进步

使用下面的每周回顾,标记出你每日不同时段的情绪健康温度。每周回顾能够使你的情绪健康温度上升和下降可视化,能让你一目了然看到自己每周取得的进步。第一周的清单可能画满了红色和橘色的标记,而到了第八周,情况会有所好转,绿色或黄色会越来越多。

每周回顾

	早晨(情绪温度)	晚上(情绪温度)	
视觉目标:	周一	周一	备注
	周二	周二	
	周三	周三	
	周四	周四	
	周五	周五	
	周六	周六	
	周日	周日	

听觉目标：	早晨（情绪温度）	晚上（情绪温度）	备注
	周一	周一	
	周二	周二	
	周三	周三	
	周四	周四	
	周五	周五	
	周六	周六	
	周日	周日	

嗅觉目标：	早晨（情绪温度）	晚上（情绪温度）	备注
	周一	周一	
	周二	周二	
	周三	周三	
	周四	周四	
	周五	周五	
	周六	周六	
	周日	周日	

触觉目标:	早晨（情绪温度）	晚上（情绪温度）	备注
	周一	周一	
	周二	周二	
	周三	周三	
	周四	周四	
	周五	周五	
	周六	周六	
	周日	周日	

味觉目标:	早晨（情绪温度）	晚上（情绪温度）	备注
	周一	周一	
	周二	周二	
	周三	周三	
	周四	周四	
	周五	周五	
	周六	周六	
	周日	周日	

在你一周周回顾自己取得的进步时，思考一下在接下来新的一周里，你将着重在哪些方面做出努力或者"练习"？建议问自己以下几个问题：

◎这周做得好的方面有哪些？

◎这周我遇到了哪些挑战？

◎下周我可以如何更好地应对这些挑战呢？

◎新的一周我想在哪个方面付出更多努力？

◎我是否在任何一种感官计划中实现了可见的改变？

◎我的整体情绪健康温度有所下降吗？

在计划即将结束时，把你已经填好的10张每周回顾依次排开，分析以下问题：

◎你这10周进展怎么样？

◎你是否克服了遇到的困难，实现了自己的目标？

如果没有做到，你是否至少朝着既定的方向取得了些许进步呢？告诉自己：即使再微小的进步也值得庆祝。

如果在某些方面你没有实现既定的目标，分析一下是什么原因造成的。是因为你把标准定得太高了吗？是因为太不切实际了吗？你的目标是否具体？你做到每天坚持练习了吗？

结语　接受五感的指引

五感计划的目的在于帮你做出积极的改变，改善自己的心理健康；在你痛苦挣扎时，帮你清晰认识到自己的处境及其原因。希望你在参照本书为自己量身定做计划并执行时，所获得的技能可以习惯成自然，时时刻刻感觉更加积极。

在人的一生中，心理健康难免会在高峰和低谷之间波动，当你在情绪健康方面遇到挑战或困难时，希望你会时不时重新翻开这本书。无论是身处顺境还是逆境，我相信你都能通过本书的五感计划得到新的收获。

对于一些读者来说，这本书提供的信息有限，你面临的挑战可能更加艰巨，即使有爱人、家人、朋友和同事的支持，可能也很难马上解决。如果糟糕的心理健康状态正在让你备受煎熬，不要犹豫，请立即向专业人士（医生或心理治疗师）寻求帮助，他们会评估你的状况，给你提供最佳的支持和帮助。

我发自内心地相信，我们每个人都有能力过上心理健康、身心愉悦的生活；我们每个人也都值得过上这样的生活。生命中最重要的关系是我们与自己的关系,一旦照料好自己在这方面的关系,其他的事情都会水到渠成。

> 赋予自己更多的同情心,拥抱变化,耐心坚持,始终如一,接受五感的指引。

致谢

感谢我的丈夫拉维，感谢你对我忠贞不渝的爱和一如既往的支持，在我创作这本书的过程中，你给予我的一切，无法用一般意义的东西来衡量。在过去12年里，你无时无刻、不知疲倦地捍卫我、支持我。无论是在实习医生培训那段最辛苦的日子，还是在准备医学资格考试的漫长复习时期，以及最终在我获得心理咨询师工作时和我一起庆祝的喜悦时分，都有你陪伴我的身影。而今天，如果说我这份"副业"能为大众揭开心理健康奥秘，普及公众心理教育的话，那么你功不可没。2016年节礼日那天，是你强烈建议我注册照片墙，让我"别再自说自话地喋喋不休了"。我的每一条帖子，你都点赞、评论、转发，恨不得告诉所有人来关注我工作的进展。我还记得，你放弃我俩原本雷打不动的二人世界晚间约会（我心里明白这让你不好受），在我深夜写作期间给我泡茶喝，出去给我买巧克力，为我补充能量。我情绪的波动、眼泪（不少次）和欢笑、我文思阻断时的愤怒，你都容忍化解，没有半点怨言。这本书的顺利出版离不开你的功劳，你提供了许多有价值的素材！我对你除了感谢还是感谢。

感谢我的女儿阿米莉，妈妈非常爱你。我从未想过你的出现能为我的生活带来这么多改变。看着你成长为最聪明最有爱的小女孩，作为母亲我感到非常荣幸，你可能自己都不知道，你给了妈妈多少支持。感谢你对我无条件的爱、温暖的拥抱和亲吻，以及那些逗我开心的话语。你是那么懂事，总是乖乖上床睡觉，不愿打扰我工作，知道不要碰妈妈的电脑，但是你每天早上 6 点的起床困难症还有待进步哦。

感谢我的妈妈索海尔和爸爸萨米，是你们的辛勤养育才成就了今天的我。你们教给了我太多宝贵的人生道理，让我认识到教育的重要性。在我成长和学医的漫长道路上，你们总是无私地给予我丰厚的爱和经济上的支持。女儿爱你们。

感谢我的姐妹莉娜和娜迪亚，你们永远是我最坚强的后盾。感谢你们一直以来对我的爱和支持，感谢你们与我在WhatsApp（社交软件）上一聊就是好几个小时，每每让我开怀大笑，感谢你们和我分享童年趣事。我十分爱你们。

感谢我的哥哥伊比，感谢你对我的关心和支持。

感谢我的婆婆哈吉特和公公苏林德，感谢你们帮我照顾孩子，让我有更多的时间投入到工作中，而我经常碰到临时有事就麻烦你们。对此你们任劳任怨，每次都告诉我"放心去做你自己的事吧，孩子就交给我们了"。

感谢我的前姐夫鲁普，感谢你的热心帮助，感谢你在社交媒体上的分享，感谢你在我遇到好的发展机会时，充当我和拉维之间的"翻译"，帮助他明白个中利弊。

感谢我的姐夫朱尔斯和查理，感谢你们的热情支持，在娜迪亚和莉娜没兴趣听我继续唠叨的时候，你们总是乐意倾听我的想法。

感谢我最亲爱的挚友莉齐和杰茜，感谢你们16年来的默默陪伴，你们一直是我快乐的源泉。你们见证了我的每一个重要时刻——考试、毕业、入职、步入婚姻殿堂、成为人母。十分感恩我的人生有你们二人的出现。

感谢蕾妮和詹妮的支持，感谢你们分享的基于事实、可靠、专业的知识，为本书味觉章节提供了丰富的内容。

感谢我的助理丽萨，感谢你把我的生活和工作都安排得井井有条，我的生活和工作不能没有你。

感谢每一位同事和患者，有幸与你们一同合作共事。正是你们为我提供了源源不断的灵感和素材，帮助我写成了这本书。

感谢社交平台上关注我的粉丝，和每一位读过我的文章、参加过活动、下载过播客、收听过我演讲的朋友们。感谢你们，正是因为你们的支持以及平台的支持，才成就了我今天的一切。

感谢出版社的全体员工，感谢你们自始至终的信任，以及为了创作出版这本书所付出的热情和努力。我会永远感激你们所有人对我的支持，前路漫长，我们共勉。